KLEINE
KULTURWISSENSCHAFTLICHE
BIBLIOTHEK

Anthony Grafton

Fälscher und Kritiker

Der Betrug in der Wissenschaft

Aus dem Englischen
von Ebba D. Drolshagen

Verlag Klaus Wagenbach Berlin

Fälscher und Kritiker
erschien im Mai 1991 als 32. Band der Reihe
KLEINE KULTURWISSENSCHAFTLICHE BIBLIOTHEK

Die Originalfassung erschien 1990 unter dem Titel
Forgers and Critics:
Creativity and duplicity in western scholarship
bei Princeton University Press

Gesamtherstellung durch die Druckerei Wagner, Nördlingen
Gesetzt aus der Korpus Aldus
Umschlaggestaltung Rainer Groothuis unter Verwendung
des Frontispizes zu J. Macpherson, *Works*, (Boston 1807)

ISBN 3 8031 5132 5

Inhalt

Danksagung

Dieser Essay begann als Walter Edge Public Lecture der Princeton University. Ich danke dem Public Lectures-Komitee der Universität für seine Einladung, die Vorlesung zu halten; Edward Tenner von der Princeton University Press für seine Anregung, aus der Vorlesung ein Buch zu machen; und Joanna Hitchcock für die liebenswerte Entschiedenheit, mit der sie seine Fertigstellung vorantrieb. Die Zuhörer an der Princeton University, am Warburg Institute, der Newberry Library, Columbia University, Harvard University und der University of California in Santa Barbara waren von inspirierender Streitlust und bezweifelten an vielen Punkten meine Daten und deren Interpretation. Besonders verpflichtet fühle ich mich Peter Brown in Princeton und seiner Studiengruppe zur Erforschung der Spätantike für die Gelegenheit, zwei Abschnitte des Buches vortragen zu können. Die Gruppenmitglieder trugen durch ihr breites Wissen und ihre herzliche Ermunterung viel dazu bei, meine Expeditionen in die klassische und späte Antike lohnend zu machen. Carlotta Dionisotti, James Hankins, Glenn Most, Mac Pigman, Nancy Siraisi, Noel Swerdlow und Robert Westman kritisierten, sehr zu meinem Nutzen, das Manuskript als Ganzes oder Teile davon. Jill Kraye – seit vielen Jahren meine Gefährtin in der Erforschung des literarischen Verbrechens – trug ungemein viel zu seinem Inhalt bei und verbesserte den Stil der ganzen Arbeit beträchtlich.

Eric Cochrane führte mich in das unendlich faszinierende Gebiet der historischen Echtheitskritik ein – in jenem Sommer 1968, als ich an den Tagen, die zwischen den Nächten politischer Demonstrationen in den Straßen vor dem Chicago Hilton lagen, unter seiner Betreuung eine Semesterarbeit über Herodot und Thukydides schrieb. Eric mißbilligte Büchlein, Fälscher und Paradoxe, liebte aber Dissens und Diskussion jeglicher Art, ob politisch oder wissenschaftlich. Daher glaube ich, daß es seinem Geist entspricht, wenn ich dieses Buch seinem Andenken widme; es wäre sicherlich Ausgangspunkt für eine dieser spontan-ungelenkten Diskussionen gewesen, die er so sehr liebte. Ich wünsche mir sehr, er lebte noch, um mit mir und den Schatten jener Fälscher und Kritiker zu streiten, die ich versucht habe, wieder zum Leben zu erwecken.

Einleitung

Irgendwann im vierten Jahrhundert v. Chr. stritt Herakleides Pontikos mit einem anderen Philosophen, Dionysios »der Konvertit«. Herakleides war ein ehrbarer, angesehener und korpulenter Herr; Platonschüler und bewandert in der Naturphilosophie, bekannt war er unter dem Spitznamen *ho pompikos*, »der Stattliche« (ein Wortspiel mit dem korrekten Beinamen *ho pontikos*, »der aus Pontos«). Dionysios war ordinärer. Er war ursprünglich Stoiker gewesen und hatte die Existenz von Schmerz und Vergnügen bestritten, bis eine akute Augenentzündung ihn davon überzeugte, daß seine Grundsätze falsch waren. Er fiel von seiner alten Schule ab (daher sein Beiname) und verbrachte den Rest seines – offenbar langen und glücklichen – Lebens als Hedonist, der ständig in Wirtshäusern und Bordellen verkehrte.

Dionysios fälschte unter Sophokles Namen eine Tragödie, *Parthenopaios*. Herakleides zitierte sie als echt. Daraufhin klagte Dionysios seine Autorenschaft an dem Werk ein. Als Herakleides weiterhin auf dessen Echtheit beharrte, wies Dionysios ihn darauf hin, daß die vermeintliche Tragödie ein Akrostichon sei: Aus den Anfangsbuchstaben der Zeilen ergab sich die wirkliche Botschaft (in diesem Fall der Name *Pankalos*, der Geliebte des Dionysios). Herakleides antwortete, das könne ein Zufall sein. Zum Weiterlesen aufgefordert, stellte er fest, daß das Akrostichon im weiteren ein zusammenhängendes Verspaar ergab:

Ein alter Affe fängt sich in die Schlinge nicht
Gefangen wird er wohl, doch erst nach langer Zeit.

Weitere Anfangsbuchstaben ergaben ein letztes, vernichtendes Urteil: »Herakleidos ist ein ignoramus.« Als Herakleidos dies gelesen hatte, so wird berichtet, errötete er.[1]

1950 veröffentlichte Paul Coleman-Norton von der Princeton University ein neues griechisches Fragment aus einer Homiliensammlung über das Matthäusevangelium. Coleman-Norton hatte in Oxford studiert, war auf die Kirchenväter spezialisiert und hatte in den zwanziger Jahren eigenständige Arbeiten zu Problemen von Authentizität und Textüberlieferung vorgelegt. Er behauptete, den neuen Text in einer arabischen Handschrift versteckt gefunden zu haben, und zwar in einer Moschee in Marokko, die er im Zweiten Weltkrieg während der Operation Torch besucht hatte. Leider habe er wegen der schwierigen Begleitumstände seiner Armeezugehörigkeit und der späteren Spannungen zwischen amerikanischen Soldaten und der einheimischen Bevölkerung des Ortes keine Photographie dieser Handschrift bekommen, die entscheidende Passage jedoch transkribieren können. Die veröffentlichte er in der *Catholic Biblical Quarterly* mit einem Apparat und ausführlichen sprachwissenschaftlichen Anmerkungen. Der Text führt die Stelle in Matthäus 24 weiter, wo Jesus seinen Jüngern erzählt, alle Ungläubigen seien zu »Heulen und Zähneklappern« verurteilt. Im neuen Abschnitt erhebt ein Jünger einen Einwand: Was, fragt er, wird mit jenen geschehen, die zufällig zahnlos sind? »Ihr Kleingläubigen«, antwortete Jesus, »es werden ihnen Zähne gegeben werden.«[2]

Coleman-Norton hat seine Verfasserschaft an diesem Text niemals öffentlich gestanden – auch wenn er an zahlreichen Stellen seines frei erfundenen Kommentars auf dessen Komik anspielt, so, wenn er eine entsprechende Stelle aus Lewis Copelands *The World's Best Jokes* (1941) zitiert und anmerkt, der Jünger, der diese Frage gestellt habe, sei auf »Pennsylvania-deutsche Art« tumb. Doch er wußte sehr wohl, daß Studenten diesen Witz schon aus seinen Seminaren kannten und erkennen würden, daß er – wie Dionysios der Konvertit – seinen angeblich antiken Text nicht entdeckt, sondern erfunden hatte.[3] Der moderne Gelehrte und der antike Schankstubenphilosoph hatten das gleiche Verhältnis zu ihren ersten Lesern (die sie narren wollten) und der Vergangenheit (die sie durch eine Kombination aus technischem Können und lebhafter Phantasie wiedererschaffen wollten).

Diese merkwürdigen Fälle umschließen wie wacklige Buchstützen die Enden eines knapp zwei Meter langen Regalbretts voller Fälschungen, die sich – wie ihre Daten erkennen lassen – von den Anfängen der abendländischen Zivilisation bis heute erstrecken. Seit 2500 Jahren und länger haben Fälschungen ihre unbeteiligten Zuschauer erheitert, ihre gedemütigten Opfer erzürnt, sie blühten als literarische Gattung, und was das eigenartigste ist, sie förderten bedeutende Neuerungen in den wissenschaftlichen Forschungsmethoden. Sie waren geographisch und zeitlich weit verbreitet, und es ist nach wie vor schwierig, sie genau zu definieren. Ihr eines Ende grenzt – wie bei den beiden Fällen, mit denen wir begannen – an Mystifikation, d. h. die Produktion literarischer Werke, die nur kurze Zeit irreführen sollen, ein Jux. Ihr anderes Ende grenzt an gängige fiktive Erzählungen. Hierzu gehören nicht alle Werke, die falschen Autoren zugeschrieben werden, da in der Antike und im Mittelalter – in gewissem Maße sogar in der Neuzeit – Werke aus vielen Gründen und mitunter völlig arglos falsch zugeordnet wurden. Nicht einmal alle Werke, die der

Verfasser bewußt einem anderen als sich selbst zugeschrieben hat, gehören dazu. Es war zu vielen Zeiten und in vielen Traditionen normal, religiöse Texte göttlichen oder gottähnlichen Wesen zuzuschreiben, wie es zum Beispiel die Juden in den letzten vorchristlichen Jahrhunderten taten, als sie apokalyptische und andere Werke unter dem Namen biblischer Patriarchen schrieben, vielleicht um die Lücke zu füllen, die durch das Ende der Prophetie entstand. Dergleichen muß nicht in betrügerischer Absicht geschehen, auch wenn es mitunter der Fall ist; diese Werke sollten als Pseudepigrapha und nicht als Fälschungen bezeichnet werden, bis die *mens rea* des Verfassers gesichert ist.[4] In neuerer Zeit haben sich natürlich eine Vielzahl von Sünden und Verfassern unter Pseudonymen verborgen – und manchmal, wie im Fall der zahllosen Flugschriften, die Gelehrte des neunzehnten und zwanzigsten Jahrhunderts fragwürdigerweise Defoe zuschrieben, haben sie sehr viele Bibliothekare und Leser verwirrt.[5]

Wenn wir alle Pseudepigrapha beiseite lassen, die nicht als Fälschung entstanden, haben wir es immer noch mit einer wild wuchernden Menge von Schriften zu tun. Fälscher haben tausende von Dokumenten produziert, die die Leser täuschten, für die sie gedacht waren. Sie spielten in der religiösen, politischen und literarischen Geschichte oft eine ausschlaggebende Rolle. Und ihre Wirkungen haben sowohl bei den Fälschern, die überzeugende Dokumente machen, wie bei den Kritikern, die sie demaskieren wollten, die Ausbildung eines feineren Gespürs dafür gefördert, wie die Vergangenheit wirklich war. Fälscher und Kritiker waren durch die Zeiten miteinander verschlungen wie Laokoon und seine Schlangen; und die wechselhafte Natur ihres anhaltenden Kampfes gehört zu den zentralen Themen in der Entwicklung der historischen und philologischen Forschung.

Ich möchte in diesem Essay versuchen, einige jener brillanten, vergänglichen Siege von Wissen und Stil einzufangen und darzustellen, die Fälscher und Kritiker des Abendlandes errungen haben. Natürlich muß der Bereich, der behandelt wird, eingegrenzt werden. Zum einen werde ich mich nur mit ernst gemeinten Fälschungen befassen, die sich auf Texte beziehen. Gewöhnliche, ohne Geschick gemachte Fälschungen – wie die von Konrad Kujau plump montierten Hitler-Tagebücher oder die 27 345 Briefe von Caesar, Cleopatra sowie Vercingetorix, Alkuin, Alexander dem Großen, Attila und anderen, ausnahmslos alle von Vrain-Lucas in imitiertem Altfranzösisch für einen bestimmten Kunden, den willfährigen Mathematiker Michel Chasles gefälscht – kommen nicht vor.[6] Gefälschte Kunstwerke, zu denen nichts Schriftliches gehört, werden nicht bedacht, juristische Urkunden kaum. Und die reiche Saat literarischer Betrügereien, die von Rabbis, Imams und chinesischen Literaten gesät, gehegt und zur Reife gebracht wurde, entzieht sich notgedrungen der Sichel eines Erntenden, dessen Studium nur dem Abendland galt. Diese Einschränkungen ermöglichen es andererseits, ein breites Thema in überschaubarem Rahmen zu behandeln. Mein vorrangiges Ziel ist es, Überblick und Fallstudien zu verbinden, um so Ausmaß, Verbindung und historische Bedeutung zweier komplexer, zentraler und eng miteinander verwobener Stränge der abendländischen Zivilisation deutlich zu machen.

1. Diogenes Laertios 5.92-3.

2. P. Coleman-Norton, »An Amusing *Agraphon*«, *Catholic Biblical Quarterly*, 12, 1950, S. 439–449.

3. Vgl. B. Metzger, »Literary Forgeries and Canonical Pseudepigrapha«, *New Testament Studies: Philological, Versional, and Patristic*, Leiden 1980, S. 1.

4. Dieser Bereich ist sehr umstritten; zu unterschiedlichen Positionen, vgl. N. Brox, *Falsche Verfasserangaben*, Stuttgart 1975; J. J. Collins, *The Apocalyptic Vision of the Book of Daniel*, n. p. 1977, Kap. III; D. G. Meade, *Pseudonymity and Canon*, Grand Rapids, Michigan 1988.

5. P. N. Furbank und W. R. Owens, *The Canonisation of Daniel Defoe*, New Haven und London 1988.

6. Wer mehr darüber wissen möchte, dem sei zum Fall Kujau die amüsante populäre Darstellung von R. Harris, *Selling Hitler* New York 1986, empfohlen, und zum zweiten Fall A. Thierry, *Les grandes mystifications littéraires*, Paris 1911, S. 243–279.

Fälscher und Kritik: Ein Überblick

Fälschungen sind so alt wie Schriften, die Autorität für sich beanspruchen. Ein ägyptisches Weisheitsbuch des Mittleren Königreiches schließt mit der Behauptung, es sei erfolgreich »(an sein Ende) gelangt, von seinem Anfang bis zu seinem Ende wie das, was in Schrift gefunden wurde« – was bedeutet, daß der Schreiber die ihm vorliegenden antiken Exemplare getreulich kopiert hat. Ägyptische Schriften zur Medizin fand man angeblich »unter Anubis' Füßen« oder »in der Nacht, niedergefallen in der Halle des Tempels in *Koptos*, als Geheimnis dieser Göttin [Isis]«.[1] Und der Hohepriester Hilkia bewegte König Josia dazu, zu bereuen, die Geräte Baals aus dem Tempel zu entfernen und die götzenanbetenden Priester in hohen Ämtern abzusetzen – dies alles nicht durch seine persönliche Autorität, sondern durch die des Gesetzbuchs, von dem er Saphan dem Schreiber berichtete: »Ich habe das Gesetzbuch gefunden im Hause des Herrn« – wo es außer ihm alle übersehen hatten (2. Könige 22,8; vgl. 23:1).[2] Beteuerungen der Texttreue beim Kopieren sind Anzeichen und Legenden von Schriftstücken, die unter wundersamen Umständen entdeckt wurden, sind direkte Hinweise darauf, daß ein Fälscher am Werk war.

In Griechenland, wo die homerischen Epen der detaillierteste Bericht war, den man im sechsten und fünften vorchristlichen Jahrhundert über die frühere Geschichte hatte, wurden die athenischen Staatsmänner Solon und Peisistratos verdächtigt, Homer interpoliert zu haben, um Athen bedeutender wirken zu lassen. Im sechsten Jahrhundert dann, als Verfasser für ihre Worte keine göttliche Autorität mehr beanspruchten, erfanden sie menschliche Quellen als Bürgen für Geschehnisse und Schriften. Der Mythograph und Geschichtsschreiber Akusilaos von Argos untermauerte seine umfassende Erzählung über Götter, Halbgötter und Menschen durch die Behauptung, sie stamme von Bronzetafeln, die sein Vater im Garten seines Hauses gefunden habe. Damit begründete er einen der großen Topoi der abendländischen Fälschung, das Motiv des Gegenstandes, der an einem unzugänglichen Ort gefunden und kopiert wird, dann aber verloren geht als Autorität für etwas, das als Werk eines Einzelnen der Glaubwürdigkeit entbehrte.[3] Der Historiograph Ktesias stützte seine geschwätzige persische Geschichte – die der weniger perfekten, aber sehr viel genaueren Darstellung des Herodot systematisch widersprach – mit der Behauptung, sie basiere auf Urkunden aus den Archiven von Susa. Dies bescherte Fälschern eine weitere Lieblingsausrede: die Behauptung, in weit entlegenen Gegenden offizielle, bevorzugt in einer ungewöhnlichen Sprache abgefaßte Dokumente konsultiert zu haben.[4]

Im fünften und vierten Jahrhundert schufen griechische Städte dokumentarische Zeugnisse in Form öffentlicher Inschriften, die ihre Rechte und Besitztümer aufführten. Altertumsforscher erstellten aus örtlicher Überlieferung, logischen Schlußfolgerungen und dem Nichts lückenlose Genealogien der frühen Herrscher ihrer Städte, der frühen Priesterinnen ihrer Tempel und der frühen Sieger ihrer Wettkämpfe. Geschichtsschreiber und Redner verliehen ihren Darstellungen der früheren Geschichte Farbe und Detail, indem sie *in extenso* Verträge und andere Dokumente zitierten. Tempel untermauerten ihre Behauptungen, von göttlichen Besuchern beehrt worden zu sein und menschliche geheilt zu haben, indem sie Reliquien herstellten sowie Inschriften, die deren Herkunft erläuterten.[5] Unter diesen zahlreichen steinernen Zeugnissen und Schriftstücken waren Fälschungen – wie der Friedensvertrag zwischen Kallias und den Persern, angeblich um die Mitte des fünften vorchristlichen Jahrhunderts aufgesetzt – und sie lösten Kritik aus: so die Bemerkung des Theopompos, der Kallias-Vertrag müsse unecht sein, da er in ionischen Buchstaben gemeißelt sei, die die Athener erst ganz zu Ende des fünften Jahrhunderts zu benutzen begannen.[6] Schon damals also besaßen einige Verfasser die Gabe, Anachronismen zu entdecken – ein unabdingbares Talent für alle, die versuchen, ein glaubwürdiges Schriftstück herzustellen oder zu entlarven.

Es gibt sogar Hinweise aus der Antike, daß der Instinkt für Fälschungen fast ebenso verbreitet gewesen sein könnte wie deren Produktion. Thukydides' Forderung, seriöse Geschichtsschreibung müsse auf zuverlässigen – und direkten – mündlichen Zeugnissen der unmittelbaren Vergangenheit basieren, läßt die Einstellung erkennen, daß alle schriftlichen Quellen zumindest fragwürdig sind, obwohl die Reden, die er für lakedaimonische Gesandte und Athener Staatsmänner schrieb, in neuerer Zeit selbst als eine Art Fälschung bezeichnet wurden.[7]

Die erste wirkliche Blütezeit der Fälscher und Kritiker aber begann im vierten vorchristlichen Jahrhundert. Die bereits existierenden Fälschertraditionen erwachten zu neuem Leben. Städte und Tempel machten sich mit neuem Schwung daran, Nachweise ihrer heroischen Vergangenheit zu erfinden; nur ein berühmter Fall unter vielen ist die Lindische Tempelchronik, 99 v. Chr. aus – angeblich weitaus älteren – Aufzeichnungen zusammengestellt, mit ihrer Aufstellung von Schenkungen, darunter auch einem Gefäß aus unbekanntem Material, das ein gewisser Lindos, der Eponym der Stadt, gestiftet habe.[8] Auch literarische Fälschungen florierten, da sich in hellenistischer Zeit die literarische Überlieferung auf eine Weise veränderte, die der Herstellung guter Täuschungen zuträglich war. Zu diesem Zeitpunkt herrschte bereits Einigkeit darüber, daß ein literarisches Werk das Produkt eines bestimmten Individuums mit eigenem Stil und eigenen Zielen ist. Auch war ein lockerer Kanon der klassischen Prosa und Dichtung im Entstehen begriffen, der die herausragendsten Schriftsteller eines jeden Genres als Vorbilder zur Nachahmung benannte. Die Rhetorikschulen lehrten ihre Schüler, exzellente Pastiches früherer Verfasser zu produzieren – besonders Privatbriefe waren eine sehr beliebte Aufgabe. Kamen diese erst einmal in Umlauf, konnten sie leicht für echt gehalten werden.[9] Und langsam überstieg die Nachfrage nach Schriften dieses Kanons – echte Werke derer, die besonders bewundert wurden – das vorhandene Angebot.

Neue Bildungsinstitutionen vergrößerten die Nachfrage offenbar mehr als es der bestehende Buchmarkt vermocht hätte. Im dritten und zweiten vorchristlichen Jahrhundert gründeten die hellenistischen Dynastien der Ptolemäer und Attaliden Bibliotheken in Alexandrien bzw. in Pergamon. Die alexandrinische Bibliothek der Ptolemäer beschäftigte Dichter und Gelehrte, die die Klassiker der älteren griechischen Literatur sammelten, zusammenstellten und in eigenen Gedichten nachahmten. Diese Herren waren schon bald berühmt für ihre Gelehrsamkeit, ihr Gieren nach neuem Material und ihre vielen hinterhältigen Streitereien; schon 230 v. Chr. beschrieb Timons von Phlius sie mit den Worten: »Im volkreichen Ägypten mästen sie viele buchbesessene Pedanten, die in der Musen Vogelkäfig unablässig streiten.«[10] Die neuen Bibliotheken waren reich, vulgär und aggressiv; sie sammelten hunderttausende der Papyrusrollen, auf die die griechischen Bücher geschrieben waren. Sie bezahlten besonders hohe Preise für ungewöhnlich wertvolle Texte – wie die offiziellen Athener Staatsexemplare der Tragödien der großen Dichter Aischylos, Sophokles und Euripides, die die alexandrinische Bibliothek gegen Hinterlegung einer astronomischen Pfandsumme auslieh –, nur um das hinterlegte Geld verfallen zu lassen und die Originalrollen zu behalten.[11]

Der Athener Buchmarkt des vierten Jahrhunderts hatte bereits erlebt, daß fragwürdige Reden und Theaterstücke literarische Originale zu vertreiben begonnen hatten. Aber selbstverständlich provozierte diese neue, anspruchsvollere Nachfrage nach Raritäten die gezielte Herstellung eines sich selbst reproduzierenden Nachschubs durch Fälschung.[12] Mit den echten wanderten zahllose unechte Schriften in die Bibliotheken; nachgemachte Tragödien schlichen sich in die Sammlungen von Aischylos und Sophokles ein, unechte Prosastücke hingen wie Kletten an den echten von Platon, Hippokrates und Aristoteles. Die Gelehrten – allen voran Kallimachos, der Schutzherr aller späteren Bibliothekare – wehrten sich. Sie sonderten jedoch die als unecht verworfenen Schriften nicht aus den Kanons aus, sondern erstellten für jeden bedeutenden Schriftsteller Listen (*Pinakes*) seiner echten Werke und identifizierten auch die gefälschten.[13]

Obwohl von diesen kritischen Nachschlagewerken, den Urahnen heutiger Bibliothekskataloge und Literaturgeschichten, nur klägliche Reste geblieben sind, belegen diese, daß ihre Verfasser deutlich zwischen Echtem und Gefälschtem unterschieden. Echte Werke eines Schriftstellers bezeichneten sie als *gnesioi* – rechtmäßig, der Ausdruck, der auch für eheliche Kinder benutzt wurde, unechte Werke waren *nothoi* – Bastarde; so umfaßt der antike *Katalogos* der Aischylos-Werke *Aitnaiai gnesioi* und *Aitnaiai nothoi*. Echte Schriften hatten, kurz gesagt, eine organische Verbindung zu dem Schriftsteller, der sie erzeugt hatte – und diese Beziehung unterschied sie von gefälschten Schriften, selbst wenn Bibliotheken und Aufstellungen letztere behalten mochten.[14] Und sie benutzten Hilfsmittel und Tests unterschiedlicher Art, um unechte Texte zu erkennen.

Manchmal verließen sie sich einfach auf das Wort der Buchhändler, die die von ihnen gesammelten Corpora zusammengetragen hatten.[15] Aber sie beurteilten auch Stil und Inhalt von Einzelwerken; die antike *hypothesis* (Einleitung) des *Rhesos* zum Beispiel bemerkt, der Text ähnele stilistisch eher Sophokles als Euripides, schreibt ihn dann aber doch Euripides zu, da »das pedantische Interesse an der Astronomie Euripides zu entsprechen scheint«.[16]

Zusammenfassend gesagt, produzierten frühe Fälschungen historische Zeugnisse einer vergleichsweise entfernten, oft heroischen Vergangenheit und literarische Fragmente kanonischer Natur. Ihre reine Existenz und deren Konsequenzen für den tatsächlichen Wert hochbezahlter Ankäufe und nicht so sehr abstrakte Überlegungen trieben also Gelehrte dazu, zu fälschen und gegen Fälschungen zu Felde zu ziehen. Und trotz der Kritiker gediehen sie prächtig, sowohl in der griechischen Welt als auch in Rom, nachdem die Literaturformen und das grammatische oder wissenschaftliche Wissen Griechenlands auf lateinischem Boden Wurzel geschlagen hatte. Die Universalgelehrten des spätrepublikanischen und frühkaiserlichen Roms sahen sich ebenfalls mit ungeheuren Textmengen konfrontiert, die beurteilt und geordnet werden mußten. Auch in Rom gab es Spezialisten, so einen Freund Ciceros, der dafür berühmt wurde, beurteilen zu können: »Dies ist ein Plautus-Gedicht, dies nicht.« Und auch hier drohte die literarische Falschmünzerei das Echte zu vertreiben; von 130 bekannten Plautus-Stücken hielt der Gelehrte Varro 109 für gefälscht und 21 für echt, ein anderer Kanon nennt nur vier mehr.[17]

Aber die hellenistische Welt erlebte nicht nur die Fortführung der gewöhnlichen literarischen und historischen Fälschungen. Daneben gedieh eine zweite, raffinierte Variante, die die Überlieferungen, mit denen

Gelehrte sich befaßten, ungemein komplizierte und das Spektrum ihrer Hilfsmittel vergrößerte. In Griechenland hatte es schon lange lockere Gruppierungen und formale Sekten gegeben, deren Angehörige nach autoritativen Schriften zu leben versuchten, die legendären oder sehr alten Stiftern zugeschrieben wurden: Beispiele hierfür sind die Orphiker und Pythagoreer. In der hellenistischen Welt gerieten vormals unabhängige Völker des Nahen Ostens unter die Herrschaft Alexanders und seiner Nachfolger, Könige, deren Sprache und Kultur griechisch waren. Babylonische und ägyptische Priester machten sich daran, auf griechisch das überlegene Alter ihrer Reiche und Religionen zu beweisen. Religiöse Führer, beflügelt durch zutiefst patriotische Gefühle, selten jedoch mit einem profunden Wissen der echten babylonischen oder ägyptischen Kultur ausgestattet, versuchten ihre Überlieferungen zu erhalten, indem sie sie mit einem griechischen Ambiente – und griechischen Texten – ausstatteten, die angeblich von den ältesten Göttern und Propheten ihres Landes stammten. Juden, von denen viele griechisch sprachen, zogen einen griechischen Bibeltext heran und hofften, Nichtjuden zu ihrem Glauben und ihren Bräuchen zu bekehren, indem sie den Nachweis führten, daß die hebräische Bibel älter sei als die griechische Philosophie – und zudem mit ihrer monotheistischen Offenbarungslehre auch deren Quelle. Wer den griechischen Text benutzte, wollte auch belegen, daß dieser glaubwürdiger sei als das hebräische Original, von dem er mitunter abwich. Jetzt konnten die Angehörigen heidnisch-philosophischer Sekten – Epikureer, Pythagoreer, ›Zoroaster‹ – Offenbarungen vorweisen, die ebenso alt und wortgewaltig waren wie die des Nahen Ostens. Und schließlich mußten Christen sowohl mit solchen nichtchristlichen Konkurrenten wie auch mit Christen, die abweichenden Bräuchen und Lehren anhingen, um die spirituelle und geistige Autorität kämpfen.

In dieser Welt rivalisierender Überlieferungen und Offenbarungen bekam das Quellenzeugnis scheinbar heiligen Ursprungs einen Glanz, den es im Griechenland früherer Zeiten nicht gehabt hatte. Wenn eine Offenbarung nur alt genug, autoritativ genug und historisch weit genug entfernt war, konnte sie wie die tatsächlichen Gebote und Lehren einer Gottheit wirken. Ein in der ersten Person Singular verfaßtes Schriftstück, das einem göttlichen Wesen, einem seiner menschlichen Gefährten oder einem beseelten Vermittler seiner Lehren zugeschrieben wurde, war ein gewichtiger Garant für die Bedeutung und die Gültigkeit seines Inhalts, mit dem kein Text eines normalen Verfassers konkurrieren konnte.[18] Es vermochte Einzelheiten des Kultes wie auch der täglichen Lebensführung vorzugeben und übernahm so eine Reihe von Funktionen, die kein Epos, keine Tragödie und auch keine historische Inschrift erfüllen konnte. Es wimmelte von solchen Fälschungen, und die Methoden zu ihrer Entdeckung wurden in dem Maße differenzierter, wie die Fälschungen üppiger wurden.

Ein klassisches Fälscherwerk dieser neuen Spezies ist der *Aristeasbrief* – ein langer Prosatext, vermutlich im zweiten vorchristlichen Jahrhundert entstanden. Er gibt vor, die Herkunft des griechischen alten Testaments, der Septuaginta, zu erklären. Demetrios von Phalerum, Bibliothekar von Ptolemaios II. Philadelphos, ägyptischer König zu Beginn des dritten vorchristlichen Jahrhunderts, schreibt an seinen König einen Vermerk über Ankaufskriterien. Er weist darauf hin, daß der Bibliothek »Das Gesetzbuch der Juden« fehle und die hebräischen Ausgaben, die einzig verfügbaren, ungenau seien, weil ihnen niemals »königliche Aufmerksamkeit« zuteil geworden sei – d. h., es handele sich um unachtsam hergestellte private Kopien und nicht um offizielle Exemplare, die die alexandrinische Bibliothek kritisch bearbeitet und herausgegeben hatte.[19] Demetrios erhält die Genehmigung, den Hohepriester Eleazar um die Entsendung von zweiundsiebzig Vertretern – sechs von jedem der Zwölf Stämme – zu ersuchen, um eine fehlerfreie, offizielle Übersetzung anzufertigen. Diese Arbeit mündet im Beweis der philosophischen Tiefe des komplizierten jüdischen Rituals und formuliert die Richtlinien eines angemessenen, würdigen Betragens. Sie schließt mit der Bestätigung der neuen Übersetzung durch die alexandrinischen Juden.[20]

Der Aristeasbrief ist ganz sicher eine Fälschung; er beginnt mit dem groben Schnitzer, Demetrios von Phalerum als alexandrinischen Bibliothekar (ein Amt, das er nie innehatte) unter Ptolemaios Philadelphius (der ihn nicht mochte) zu bezeichnen und begeht noch viele andere.[21] Aber er besitzt ein Selbstbewußtsein und eine ausgereifte Technik, die literarischen Fälschungen bislang gefehlt hatte. Zunächst einmal bedient sich der Verfasser genau der Methoden, die alexandrinische Echtheitskritiker zur Korrektur von Schriften und zur Entlarvung von Trugschriften entwickelt hatten, um seinen eigenen Schwindel glaubwürdig wirken zu lassen. Er benutzt die Methode der allegorischen Exegese – mit der sich pergamenische Gelehrte jener Homer-Passagen annahmen, die sie geschmacklos und primitiv fanden, und der er in den Arbeiten alexandrinischer Vertreter dieser Methode wie Apollodoros begegnet sein mag –, um die scheinbar geschmacklosen und primitiven rituellen Diätvorschriften der Juden wegzuerklären. Er benutzt sogar Begriffe der Textkritik – die von alexandrinischen Gelehrten entwickelte Kunst, durch Sammeln von Handschriften und deren kritische Durchsicht korrekte Schriften zu erstellen –, um die viel größere Genauigkeit der *Septuaginta* nachzuweisen und die Glaubwürdigkeit seiner eigenen Darstellung zu untermauern.[22] Und er wertet die Autorität seines Berichts durch weitere Techniken auf, die eine beträchtliche Kenntnis wissenschaftlicher Standards verraten. Statt die Geschichte der Verhandlungen zwischen Demetrios und Ptolemaios mit eigenen Worten zu erzählen, zitiert er den Demetrios-Vermerk verbatim und benutzt das scheinbar echte Archivdokument zum Ausschmücken von etwas, was ansonsten wie eine fadenscheinige und nicht überzeugende Geschichte gewirkt hätte.[23]

Das Können des Verfassers beweist sich auch in der literarischen Form seines Buches. Er schreibt für zwei Adressaten zugleich. Zum einen will er seine Mitjuden überzeugen, daß die griechische, in Alexandrien benutzte Bibel der hebräischen Bibel Palästinas überlegen ist; zum anderen will er seine nicht-jüdischen Leser überzeugen, daß die Tora keine abwegige triviale und komplizierte Sammlung sinnloser Gebote ist, sondern ein allegorischer Kodex philosophischer Aussagen über die Notwendigkeit, daß Gläubige stets Rechtschaffenheit zu üben haben. Das Werk wurde nicht zur persönlichen Bereicherung, sondern um spiritueller Autorität willen geschrieben; diese suchte es zu erreichen, indem es – ähnlich der immer kleiner werdenden russischen Puppen in der Puppe – Fälschungen in eine Fälschung und Lügen in eine Lüge steckte. Kein *Parthenopaios* kann in der Vielschichtigkeit seines Entwurfs oder der Stringenz der Durchführung mit dem Aristeasbrief konkurrieren.

Die Aristeas-Fälschung mag das differenzierteste unechte Geschichtszeugnis sein, das überdauert hat; aber sie ist nur eine unter sehr vielen. Die frühen Christen produzierten sie dutzendweise; sowohl die Hirtenbriefe an Timotheos und Titus im Neuen Testament als auch zahlreiche Dokumente, die, wie die *Apostelakten*, nicht im Neuen Testament vorkommen, wollten Streitigkeiten über Lehre und Riten beilegen, indem sie die Autorität der ersten und treuesten Christen ins Feld führten, die sie in der ersten Person sprechen ließen.[24] Der Umstand, daß die religiösen Lehren des Nahen Ostens ursprünglich in schwierigen Sprachen abgefaßt waren und der weitere Umstand, daß die Griechen als Amerikaner der antiken Welt mit der Existenz von Ausländern und Fremdsprachen in der Weise umgingen, daß sie im Ausland ihre eigene Sprache einfach nur lauter sprachen, machte es für Nichtgriechen, die nach einer Autorität suchten, ganz besonders einfach, den Wert ihrer Produkte zu steigern.[25] Sie behaupteten, was auf Griechisch trivial oder unklar klinge, sei lediglich die inadequate Übersetzung eines Originals, das in einer unzugänglichen heiligen Sprache verfaßt sei. So erklärte der Verfasser der Offenbarungen des ägyptischen Halbgottes Hermes Trismegistos – Angehöriger einer kleinen patriotischen Sekte, der für Griechen griechisch schrieb – »wenn später einmal die Griechen seine hieroglyphischen Offenbarungen übersetzten«, würden diese ihre ursprüngliche Kraft einbüßen und normaler, fader griechischer Philosophie gleichen. Damit stützte er seine Behauptung, einen genuin »ägyptischen« Text zu schreiben und ließ einen Flikkenteppich aus Splittern griechischer Philosophie und nur halb verstandenen ägyptischen Überlieferungen sowohl älter als auch fremdartiger wirken.[26] Philon von Byblos verfuhr mit seiner teils echten, teils erfundenen Geschichte Phöniziens ziemlich genau so.[27]

Kurz gesagt sahen sich Gelehrte zwischen dem ersten vorchristlichen und dem dritten nachchristlichen Jahrhundert sehr vielen Fälschungen gegenüber, von denen einige vorgaben, der literarischen Tradition Griechenlands zu entstammen, was jeder mit ausreichend guter Bildung überprüfen konnte, andere aus fremden Gegenden, über die griechische Gelehrte kaum etwas Genaues wußten. Einige entstanden schlicht um des Profits willen, andere, um komplizierte philosophische oder religiöse Lehren zu stützen oder zu widerlegen. Wie nicht anders zu erwarten, fanden die Methoden, mit denen philosophische und religiöse Quellenzeugnisse gefälscht wurden, Eingang in die fiktionale Literatur und andere Arten erzählender Berichte. In dem griechischen Roman über den Trojanischen Krieg, der dem Kreter Diktys zugeschrieben wird, taucht die Behauptung auf, er basiere auf älteren Schriften, die in mysteriösen Sprachen verfaßt und an mysteriösen Orten verwahrt seien.[28] Eine ungeheure Menge unechter Dokumente ist eines von vielen raffinierten Merkmalen der bedeutendsten literarischen Fälschungen der Spätantike, dem umfangreichen und unterhaltsamen Geschichtswerk aus dem vierten Jahrhundert, das als *Scriptores historiae Augustae* (Historia Augusta) bekannt geworden ist. Flavius Vopiscus, einer der angeblichen sechs Verfasser dieser Werke, die in Wahrheit von einem »schurkenhaften Gelehrten« verfaßt wurden, erwähnte sogar die Signatur eines nicht existenten Schriftstücks, der »Elfenbeintafel«, die ein von Kaiser Tacitus unterzeichnetes senatus consultum enthalte. Diese Tafel befinde sich im Regal VI der Bibliotheca Ulpia, dort, wo auch die »Linnenbücher« mit den Taten des Aurelius stünden.[29] Nichts hätte diesen hingebungsvollen, aber selbstironischen angeblichen Gelehrten glaubwürdiger erscheinen lassen können, dessen Neugier noch den kleinsten Details kaiserlichen Lebens und Wirkens galt, und der von sich selbst ironisch berichtet, er habe zu Junius Tiberianus, dem Statthalter Roms, gesagt: »Es gibt keinen Verfasser, zumindest im Bereich der Geschichte, der nicht falsche Behauptungen aufgestellt hätte.«[30]

Die Allgegenwart geschickter Fälschungen und die damit einhergehende Notwendigkeit einer scharfsinnigen Echtheitskritik werden an den Erfahrungen einiger produktiver und gebildeter Literaten aus frühchristlicher Zeit deutlich. Galen, Medizinschriftsteller und selbst ein Textkritiker von beträchtlicher Kompetenz, sah im Buchhändlerviertel Roms das unter seinem Namen gefälschte Werk »Galenos, der Arzt« zum Verkauf angeboten – und fühlte sich bemüßigt, ein ganzes Buch zu schreiben, um zwischen seinen echten Werken und den völlig oder zum Teil gefälschten zu unterscheiden, die unter seinem Namen zirkulierten.[31] Der Satiriker Lukian glänzte mit seiner Geschicklichkeit als Fälscher und seiner Kompetenz als Kritiker zugleich, als er ein Werk so überzeugend in Heraklits berüchtigt rätselhaftem Stil fälschte, daß es sogar einen berühmten Kritiker täuschte.[32] Und Galen, der zu vielen Werken, die Hippokrates zugeschrieben wurden, detaillierte textkritische und medizinische Kommentare verfaßte, gab oft zu erkennen, daß er um gefälschte Passagen und Arbeiten wußte. In seinem Kommentar zu dem hippokratischen Werk *Von der Natur des Menschen* zum Beispiel heißt es, frühere Kommentatoren hätten das Werk als nicht von Hippokrates stammend verworfen, Dioskurides habe eine Passage als unecht bezeichnet. Galen weist systematisch nach, daß der erste Teil des Werks mit Sicherheit sehr alt und echt sein müsse, da sich schon Platon in seinem *Phaidros* darauf bezogen habe.[33] Und er zeigt, daß der letzte Teil mit Sicherheit später und gefälscht sein muß, da er Fachausdrücke (wie *sunochos* für ununterbrochen und *ouremata*, Urin) enthält, die Hippokrates und andere antike Ärzte niemals benutzten. »Diese Nomen«, folgert Galen, »müssen von neueren Ärzten stammen, die den antiken Stil nicht kannten.«[34] Man kann sich keine systematischere oder zwingendere Beurteilung der Authentizität einer komplexen Schrift vorstellen – oder eine bessere Spürnase für Anachronismen, die ein spätes Entstehungsdatum verraten.[35] Für Galen war die Fähigkeit, einen bestimmten Stil zu erkennen, der beste Beweis für die wirklich solide literarische Ausbildung eines Gelehrten – dies äußerte er, als sich ein Passant in Rom den gefälschten *Galenos, der Arzt* ansah und sofort als offensichtliche Fälschung verwarf. Galen bemerkte, es handele sich offensichtlich um einen gebildeten Mann.

Zeugnisse, die aus Gegenden außerhalb der griechischen Welt zu stammen vorgaben, stellten mitunter allerdings schwierigere analytische Probleme. Jemand wie Dionysios von Alexandrien, der griechisch sprach, konnte leicht erkennen, daß das »makellose« Griechisch des Johannesevangeliums und die »barbarischen Ausdrücke« und »Ungereimtheiten« der Geheimen Offenbarung nicht vom gleichen Urheber stammen konnten.[36] Wie aber sollte jemand, der nur griechisch sprach, angeblich Übersetzungen überprüfen können? Die klassischen Forschungsmethoden boten hier keine Hilfe. Und doch hatten bereits zu Beginn des dritten Jahrhunderts Heiden wie Christen neuartige, clevere – und noch heute plausible – Tests dafür entwickelt, ob ein griechischer Text auf einem fremdsprachigen Original basieren konnte.

Julius Africanus, christlicher Gelehrter und römischer Bibliothekar, schrieb an Origenes einen vernichtenden Brief über die Echtheit der Geschichte von Susanna mit den Greisen, die am Beginn der griechischen – nicht aber der hebräischen – Fassung des Buches Daniel steht. Er hielt sie aus mehreren Gründen für nicht authentisch; die dargestellten Juden genossen offenbar größere Freiheiten, als mit den tatsächlichen Bedingungen der babylonischen Gefangenschaft vereinbar war, und der Daniel dieser Geschichte prophezeite – im Unterschied zum echten Propheten Daniel – in direkter Rede statt in von Engeln inspirierten Visionen. Die Geschichte sei, bemerkte er scharfsinnig, im Ganzen sogar für eine griechische Posse zu albern. Aber sein wichtigster Beweis war ebenso schlicht wie endgültig. Die Geschichte enthält zwei zentrale, komplizierte Wortspiele – auf *griechisch*. Es konnte also keine direkte Übersetzung aus dem Hebräischen sein, da nämlich wären diese Wortspiele bedeutungslos gewesen.[37]

Ähnliche Argumente konnten die Authentizität anderer Teile des Kanon sichern. Hieronymus, dessen Einschätzungen der Authentizität mehrerer Sendschreiben zuerst mit seinen Biographien ihrer Verfasser veröffentlicht wurden und im Mittelalter in Vulgata-Handschriften weite Verbreitung fanden, wußte, daß der Hebräerbrief des Paulus »vermutlich nicht von ihm stammt, wegen Unstimmigkeiten in Stil und Wortschatz«. Er glaubte, die offensichtlichen Unstimmigkeiten seien durch Probleme der Übersetzung zu erklären: »Da er selbst Hebräer war, schrieb er fließend Hebräisch, seine eigene Sprache; so wurde, was auf hebräisch eloquent geschrieben war, noch eloquenter ins Griechische übersetzt. Das soll der Grund sein, warum diese Briefe auffallend anders sind als die anderen Paulusbriefe.«[38]

Auch als die Kultur der Klassik langsam verfiel, beschäftigten Echtheitsfragen weiterhin Kritiker und zog das Fälschergeschäft weiterhin Autoren an. Das literarkritische Handwerkszeug der Grammatiker wurde in den Zentren der Bildung mit Einschränkungen weiterhin benutzt. Im Osten Griechenlands zum Beispiel flackerten gelegentlich Kontroversen um das Korpus neuplatonischer Schriften auf, die vorgaben, vom Athener Dionysios Areopagites zu stammen, den Paulus bekehrt hatte. Ein gewisser Theodoros, bekannt nur durch eine spätere Zusammenfassung seines Werkes, schrieb im sechsten Jahrhundert, das Korpus müsse gefälscht sein, da die Kirchenväter es nicht zitierten, es in Eusebios' Schriftenverzeichnis der Kirchenväter nicht erscheine, Einzelheiten kirchlicher Überlieferungen behandele, »die lange nach dem Tode des großen Dionysios in der Kirche entstanden«, und sogar den Hl. Ignatius von Antiocheia erwähne, der zur Zeit Trajans starb – mehr als ein halbes Jahrhundert nach der Zeit der Apostel.[39]

Selbst im lateinischen Westen, wo die antike Gelehrsamkeit in abgeschwächter Form weiterlebte, wurde mitunter höhere Kritik geübt. Das Augustinus zugeschriebene *Hypomnesticon* zum Beispiel wurde im neunten Jahrhundert Gegenstand eines heftigen und intelligenten Streites. Hinkmar von Reims zitierte das Werk als authentisch. Prudentius von Troyes meinte daraufhin, das sei es nicht, wobei er darauf hinwies, daß es in den *Retractationes,* Augustinus' eigenen Erläuterungen zu seinem Frühwerk, nicht vorkomme und auch stilistische und inhaltliche Abweichungen zu Augustinus aufweise. Ein zweiter Theologe ging noch weiter und schrieb im *Liber de tribus epistulis,* das Werk bediene sich solch nichtaugustianischer Usancen wie der, aus der Hieronymus-Version der hebräischen Bibel zu zitieren – um dann zu erklären, wie leicht ein Werk, das sich mit Fragen befaßte, die Augustinus teuer waren, das seine Werke heranzog, und das sich mit großer Wahrscheinlichkeit als eine Zusammenfassung seiner Lehren verstand, nach seinem Tod seiner Autorschaft zugeschrieben werden konnte. Hinkmar verteidigte die Schrift geschickt mit dem Hinweis, Augustinus habe auch andere zweifelsohne echte Werke unerwähnt gelassen.[40] Mit Sicherheit waren im großen und ganzen für die meisten christlichen Gelehrten dogmatische Überlegungen entscheidender als historische.[41]

Ernstgemeinte Fälschungen blühten auch im Mittelalter. Als die neuen Nationen des Hoch- und Spätmittelalters das Gefühl ihrer nationalen Identität stützen mußten, indem sie sich angemessen noble Vergangenheiten beschafften, erfanden sie hemmungslos. Die britische Geschichte des Geoffrey of Monmouth basierte angeblich auf einem alten, in Landessprache geschriebenen Buch, das sich im Besitz eines gelehrten Freundes befand, und es war nur einer von vielen Versuchen, durch Phantasie jene Lücken zu schließen, die die heroischen Trojaner mittelalterlicher Epen und Legenden von ihren edlen Nachkommen in Frankreich, England und anderenorts trennten. Diese Tradition blieb bis zum Ende des Mittelalters erhalten, als Johannes Trithemius, selbst ein bekannter Erfinder mythischer Schriften und Regenten, klagte, ein jeder trachte danach, sich einen trojanischen Ahnherren zu sichern, »als hätte es in Europa vor dem Fall Trojas keine Völker und unter den Trojanern keine Gauner gegeben«.[42] Unterdessen produzierten mittelalterliche Dichter und Prosa-Autoren Berge von Literatur in der Manier solch gängiger Schriftsteller wie Ovid, und einiges davon erhielt – häufig, weil es Handschriften echter Werke beigefügt wurde – auch den Namen dieses Verfassers. Dies aber sind keine Fälschungen, sondern Pseudepigrapha – falsch zugeschriebene, aber nicht vorsätzlich betrügerische Werke.[43]

Literarische und religiöse Fälschungen sowie die entsprechenden Methoden der Echtheitskritik überdauerten zwar den Fall der antiken Welt, doch die wichtigste neue Variante des Mittelalters war das Fälschen und Beglaubigen juristischer Dokumente. Am häufigsten fälschten und prüften Kleriker und Anwälte. Fälscher waren meist bestrebt, einer Person oder Institution Privilegien oder den Besitz von Ländereien zu sichern. Mittelpunkt ihrer Methoden war in aller Regel nicht die Produktion literarischer Texte – auch wenn sie geschrieben wurden, insbesondere, wenn ein religiöser Orden seinen Besitz der wundertätigen Gebeine eines Heiligen rechtfertigen mußte, indem er die Geschichte ihrer Reise aus der ursprünglichen Heimat präsentierte –, sondern die Erfindung gefälschter Urkunden; Urkunden, deren Aussehen, Farbton, Siegel und Sprache echt wirkten. Wie in der Antike, so fanden auch im Mittelalter Techniken der Echtheitsbeglaubigung mitunter ihren Weg in die Literatur. Die literarischste und komplizierteste mittelalterliche Fälschung – *Die Konstantini-*

sche Schenkung, jenes berüchtigte Dokument aus dem achten Jahrhundert, das erzählt, wie Papst Silvester Kaiser Konstantin vom Aussatz heilt und dieser seine Dankbarkeit zeigt, indem er der römischen Kirche die Westhälfte des Römischen Reiches überträgt und nach Byzanz abreist – bemüht sich sehr um den Anschein, juristische Dokumente zu zitieren, die sprachlich formalisiert und von den erforderlichen Zeugen beglaubigt sind. Der Umfang solcher Trugschriften war stets beträchtlich: etwa die Hälfte aller juristischen Dokumente, die wir aus merowingischer Zeit besitzen, sowie etwa zwei Drittel aller Dokumente, die vor 1100 n. Chr. an Kleriker ausgestellt wurden, sind falsch. Und es wurden erheblich mehr, als sich im Abendland die Jurisprudenz fest etablierte und jeder Rechtsakt und Besitz der schriftlichen Bestätigung bedurfte; das *Decretum Gratiani*, das Lehrbuch des Kirchenrechts, enthält etwa 500 gefälschte Rechtsdokumente.[44]

Im Mittelalter wie in der Antike riefen Fälschungen Kritik hervor. Kirchenrechtler wurden zu Experten im Aufdecken von Betrügereien, und die Regeln, die sie zum Verifizieren der sprachlichen Form, des äußeren Erscheinungsbildes und der Siegel von Urkunden erarbeiteten, erschienen neben diesen Fälschungen im *Decretum*. Einige Rechtsgelehrte – wie Papst Innozenz III. – erlangten Berühmtheit für ihre Urteilsfähigkeit, nach einer Überprüfung von Dokument und Siegel zu bestimmen: »Das ist authentisch« – selbst wenn er in dem einzigen belegten Fall, wo er dies tat, irrte.[45] Bereits im fünfzehnten Jahrhundert hatten Gerichte und Juristen akzeptierte Normen zur Bestimmung der *fides*, d. h. der Glaubwürdigkeit von Dokumenten und Berichten – Normen allerdings, die im wesentlichen äußere Merkmale betrafen. In einem berühmten Rechtsstreit zwischen den Mönchen von Saint-Denis und dem Domkapitel von Notre-Dame, bei dem es um die Frage ging, wem welche Körperteile des Heiligen Denis gehörten, meinte der Rechtsvertreter der Mönche, seine Seite müsse gewinnen. Ihr Standpunkt wurde durch ein Dokument bestätigt, die *Grandes Chroniques de France*, das nicht einfach der Bericht einer Einzelperson war, sondern ein »bestätigtes und autorisiertes« Geschichtswerk, das in einem »öffentlichen Archiv« aufbewahrt wurde.[46]

Wir haben uns von den literarischen Fälschungen und der Echtheitskritik entfernt, die uns vor allem beschäftigen, mit dem Beginn der Renaissance aber rücken diese wieder in den Mittelpunkt. Die humanistischen Gelehrten im Italien des vierzehnten und fünfzehnten, im nördlichen Europa des fünfzehnten und sechzehnten Jahrhunderts wandten sich wieder den immensen Weidegründen überlieferter Materialien und literarischer Texte zu, die – wie sie meinten – von den Gelehrten des Mittelalters übersehen oder verfälscht worden waren. Sie entdeckten, kopierten und kommentierten erneut literarische Schriften, wie die Geschichtswerke von Livius und die Gedichte des Catull, die die Gelehrten des Mittelalters nur teilweise oder gar nicht gekannt hatten. Sie spürten tausende von Epitaphien und anderen Texten auf, die römische Regierungen und griechische und römische Herrscher auf Monumente und Münzen geschrieben hatten, und entzifferten sie. Und sie trugen, erst in Form von Handschriften, dann in Druckausgaben, kritischen Ausgaben und Corpora dieses neue Material zusammen. Die Antike wurde plötzlich wieder faßbar und lebendig.[47]

Diese Flut neuer Texte und Informationen war jedoch durch Ströme betrügerischen Unrats schwer verseucht. Diese neuen Fälschungen entstanden weniger aus praktischer Notwendigkeit denn aus Nostalgie. Sie zielte vor allem auf das Wiedererschaffen einer Vergangenheit, die dem Geschmack moderner Leser und Gelehrten noch mehr entsprach als die reale Antike, die von der einschlägigen Forschung entdeckt wurde. Viele frühe Protokollanten von Denkmälern und Inschriften, die in ihren Notizbüchern fehlende Textstellen ebenso ergänzten wie sie es mit fehlenden Gliedern und Köpfen von Statuen taten, taten dies getrieben von dem überbordenden Verlangen, die zerstörte Vergangenheit wieder heil zu sehen; wer noch weniger Skrupel hatte, lieferte komplette neue Texte.[48] Deren Kunstfertigkeit war mitunter durchaus ebenso hoch entwickelt wie die Gefühle, die zu ihnen führten, tiefempfunden waren. Nehmen wir das Beispiel eines Epitaphs, das 1485 auftauchte, als man in der Via Appia die sehr gut erhaltene Leiche einer jungen Römerin entdeckte: »Tullia, seiner einzigen Tochter, die niemals irrte, denn im Tode, errichtete dieses Denkmal ihr unglücklicher Vater Cicero.« Dieses Memento der Liebe und Trauer des großen republikanischen Staatsmannes wäre noch bewegender, wäre nicht bekannt, daß der elegant formulierte zentrale Satz, *»quae nunquam peccavit nisi quod mortua fuit«* aus einem anderen, echten Text stammt – und daß in weit von Rom entfernten Orten wie Florenz und Malta weitere Gräber und Denkmäler für Tullia entdeckt wurden. Tullias Sterbeszene blieb mindestens ein Jahrhundert lang ein unangefochtener Publikumsliebling. Aber sie war beileibe nicht die einzige antike Szene, der moderne Dokumentierung zuteil wurde. Die Nostalgie führte zu üppiger Produktivität – 10 576 von 144 044 Inschriften in der großen Sammlung lateinischer Inschriften, dem *Corpus Inscriptionum Latinarum*, sind gefälscht oder fragwürdig; viele sind das Werk phantasiebegabter Altertumsforscher der Renaissance.[49]

Literarische Fälschungen waren sogar noch ehrgeiziger als epigraphische. Unter den Gelehrten und Intellektuellen der Renaissance fanden sich recht viele Fälscher, deren Werke in Form und Ambition von der Anfertigung einer neuen Fassung um wahre Juwelen alter Schriften bis hin zur freien Erfindung einer gänzlich neuen Vergangenheit reichten. Niemand erledigte die erste Aufgabe tüchtiger als Pierre Hamon, dank dessen cleverer Schreibkunst aus einem echten Ravenna-Papyrus in bemerkenswert ungewöhnlicher Schrift Julius Caesars Testament wurde.[50] Niemand erledigte die zweite Aufgabe kreativer als Giovanni Nanni (Annius), der Dominikaner aus Viterbo. Er schrieb mit großem Ernst über so unterschiedliche Themen wie die Willensfreiheit, die Rechtmäßigkeit von Leihhäusern und Viterbos frühe Geschichte, erlangte den hohen Rang eines päpstlichen Theologen und schaffte es sogar, durch Gift von der Hand Cesare Borgias zu sterben, was ein sicherer Beweis für Heiligkeit ist. Gleichwohl fälschte er, wie wir sehen werden, mit gleichem Geschick Inschriften und Texte.[51]

Wenn die Renaissance eine Blütezeit erfundener Vergangenheiten erlebte, so erlebte sie zugleich auch die Aufdeckung von hunderten von früheren und zeitgenössischen Fälschungen. Einer der ersten Triumphe der neuen humanistischen Philologie war natürlich Laurentius Vallas detaillierter Nachweis, daß die *Konstantinische Schenkung* in Fakten wie Phrasierungen zahllose Fehler enthielt, die an ihrem mittelalterlichen Ursprung keinen Zweifel zuließen.[52] Der spanische Rechtsgelehrte Antonio Agustín schrieb in Dialogform eine detaillierte Abhandlung über die Methoden, echte Inschriften von falschen zu unterscheiden, und betonte, daß verständige Männer sich darin einig seien, daß man Schriften nicht zitieren sollte, bevor sie auf Echtheit und Wert geprüft worden seien.[53]

Mit der Wiederentdeckung des klassischen Erbes ging auch die Wiederentdeckung der Äußerungen antiker Gelehrter zu Fragen der Authentizität einher. Die antiken Aristoteles-Kommentatoren beispielsweise erklärten, mitunter seien Pseudepigrapha in aristotelische (und andere) Korpora hineingeraten, weil das fragliche Werk von einem anderen Verfasser gleichen Namens stamme; dies war eine von vielen Erklärungen, die Gelehrte und Philosophen der Renaissance in ihren Debatten über aristotelische Texte wie *Theologie* und *De Mundo* wieder aufgriffen.[54] Wie wir bereits sahen, verwandte Galen beträchtliche Mühe darauf, unter den Hippokrates zugeschriebenen Werken echte und gefälschte Schriften und Abschnitte zu bestimmen. Es erstaunt also nicht, wenn ein gebildeter Renaissance-Mediziner wie Girolamo Cardano, der sich die Aufgabe stellte, die bedeutenderen Bestandteile des *Corpus Hippocraticum* zusammenzustellen, mit Galens Methode arbeitete, Diktion, Dialekt und Stil auf das genaueste zu untersuchen, und – wie es einem Leser von Galen wohl ansteht – davon sprach, wie schwierig es sei, über die Echtheit der Schriften ein Urteil zu fällen, da Hippokrates in verschiedenen Genres und mutmaßlich auch verschiedenen Lebensaltern schrieb. Etwas überraschender mag sein, daß in der Renaissance wie auch später viele Gelehrte Galens Ansichten über die Geschichte von Texten auf dem Weg über seinen Kommentar zu *De humoribus* kennenlernten – und der war eine Fälschung des sechzehnten Jahrhunderts.[55]

In der Renaissance, mehr noch als in früheren Epochen, marschierten Fälscher und Kritiker im Gleichschritt. Als sich die Jurisprudenz auf neue

Gebiete wie zum Beispiel das Heilige Römische Reich ausweitete, als Theologen Lehren und Bräuche mit ihren angeblichen Quellen im Neuen Testament und anderenorts verglichen, und als ein neues Stilempfinden und eine neue Art von Geschichtsforschung die Schulen erreichten, wurden viele alte Fälschungen entdeckt.[56] Daneben entstanden aber auch viele neue von raffinierterer Machart, als religiöse Orden und Herrscherhäuser zu beweisen suchten, daß ihre weit zurückreichenden Vorrechte einer Überprüfung standhielten und auf mehr als nur mündlicher Überlieferung beruhten.

Selbst die gelehrtesten Forscher fielen hin und wieder solchen Versuchungen anheim – oder versahen zumindest ihre Aufgaben so uneindeutig, daß andere in die Irre geführt wurden. Kaum ein Gelehrter der Renaissance besaß eine derart umfassende Bildung wie der Habsburger Hofhistoriker Wolfgang Lazius, der dieses immense Wissen auf spektakuläre Weise nutzte, als er den Beweis erbrachte – angeblich auf einer hebräischen Inschrift basierend, die man im Wiener Vorort Gumpendorf gefunden haben wollte –, daß die Habsburger direkte Nachkommen der Hebräer seien, die sich nach der Sintflut in Österreich niedergelassen hatten.[57] Kaum jemand hatte für Methoden und Probleme der Echtheitskritik ein solches Gespür wie Joseph Scaliger, der sich auf meisterliche Weise mit Dionysios Areopagites, dem angeblichen Phokylides und den *Apostelakten* beschäftigte.[58] Aber er verfaßte auch eine anonyme, nach Olympiaden organisierte griechische Chronik, die viele Leser für einen Klassiker hielten, und er trug aus verstreuten Gedichten, die Astrampsychos zugeschrieben wurden, eine gefälschte Sammlung zusammen – womit er, ob unbeabsichtigt oder mutwillig, viele Leser täuschte.[59] Und natürlich gab es immer einige wenige – wie Simeo Bosius im sechzehnten Jahrhundert – die just jene Informationen fälschten, die gewiefte Kritiker am meisten schätzen, und behaupteten, bislang unbekannte und ausgezeichnete Handschriften echter, erhalten gebliebener klassischer Schriften gefunden zu haben.[60]

All diese Praktiken wurden im siebzehnten, achtzehnten und neunzehnten Jahrhundert fortgeführt. Gelehrte fälschten weiterhin, manchmal, weil sie nach persönlichen oder beruflichen Vorteilen trachteten – so steuerte der Piemonteser Priester Giuseppe Francesco Meyranesio zur großen römischen Ausgabe des Maximus von Turin, 1784 veröffentlicht, 24 neue Texte bei, die angeblich Handschriften entstammten, die schon bald mit dem Gepäck eines englischen Mylords verschwanden, und all dies in der Hoffnung, von Pius VI., der Schirmherr dieser Ausgabe war, befördert zu werden.[61] Gelegentlich fälschten sie auch aus idealistischen Gründen, so der in Tübingen ausgebildete Theologe Christoph Matthäus Pfaff, der behauptete, er habe in Turin vier Irenäus zugeschriebene Fragmente gefunden, die seine eigene pietistische Lehrmeinung stützten, das Fundament des Christentums seien die einfachen Lehren Christi, und »Streitigkeiten« und »Spaltungen« seien vor allem Folge eines irregeleiteten Glaubens an die entscheidende Bedeutung bestimmter Lehren oder bestimmter Rituale.[62]

Gleichzeitig entstand neben dieser klassischen Variante eine neue und andersartige Fälschungsart aus Nostalgie. Nationalgeschichten, durch kanonische Schriften nicht lückenlos belegt, wurden jetzt durch die Entdekkung zusammenhängender Dokumente ergänzt, die nicht in den klassischen Sprachen abgefaßt waren; ausgeprägt romantische Gefühle, die bei den Klassikern nicht vorkamen, erhielten antike Inspiration neuer Machart. Im siebzehnten Jahrhundert wurde das Bild, das Gelehrte von Italiens nichtrömischem Erbe und seiner utopischen prärömischen Vergangenheit hatten, durch Tommaso Inghiramis gefälschte etruskische Schriften ergänzt. Im achtzehnten Jahrhundert nutzten Thomas Chatterton und James MacPherson die bekannten Methoden – einerseits den Schwindel mit mutmaßlich archaischer Schrift und Rechtschreibung, andererseits die Behauptung, unzugängliche Originaldokumente aus einer unbekannten Sprache übersetzt zu haben – um die mittelalterliche und vormittelalterliche Geschichte des gotischen Nordeuropas neu auszumalen. Sehr, sehr viele frühere Romane – und *Robinson Crusoe* ist nur eines der berühmtesten Beispiele hierfür –, die die neue Begeisterung für eine genaue, detaillierte Beobachtung menschlichen Handelns in politischen oder persönlichen Krisen befriedigten – verschafften sich den Eindruck von Dramatik und Wahrhaftigkeit, indem sie sich als ein Bündel von Aufzeichnungen darstellten, das von dem objektiven, gebildeten Herausgeber aufgefunden und redigiert worden war. Dies galt auch für Gedichtsammlungen. Und selbst ein hochgebildetes Publikum – wie die ersten Leser von Horace Walpoles *Castle of Otranto*, ein Schauerroman, der vorgab, die Neuauflage eines in Fraktur gedruckten Originals aus der Bibliothek einer englischen katholischen Familie zu sein – ließ sich, vielleicht nicht ohne Komplizenschaft, durch diese Konvention narren.[63]

Keine Spielart des ernst gemeinten Fälschens ist jemals völlig ausgestorben. Die Fabrikation angeblich historischer Dokumente reicht bis ins neunzehnte und zwanzigste Jahrhundert. Ein bei amerikanischen Historikern berüchtigter Fall ist die John Paul Jones-Biographie von A. C. Buell mit ihren kunstvoll arrangierten Dokumenten, die Jones zu einem noch bedeutenderen Mann machen, als er bereits war, der seine Sklaven (Cato und Scipio) frei ließ, nachdem sie tapfer gekämpft hatten.[64] Die Urkundenfälschung aus religiösem Glauben und Tun erfuhr in dem Betrug der *Protokolle der Weisen von Zion* eine bemerkenswerte Fortsetzung.[65] Die Fälschung klassischer Schriften und Gegenstände geschah auf hohem Niveau – wie im Fall der Fibel aus Praeneste, einer Goldbrosche mit einer Inschrift in sehr altem Latein, die der deutsche Archäologe Wolfgang

Helbig im ausgehenden neunzehnten Jahrhundert angeblich entdeckt, de facto aber erfunden hatte. Sie hielt über hundert Jahre lang jeder Kritik stand, bevor moderne wissenschaftliche Tests und komplizierte historische Recherche ihren wahren Ursprung bewiesen.[66] Und selbst komplizierte literarische Texte werden noch gefälscht.[67] Die heutigen Fälscher müssen zwangsläufig technisch geschickter sein als ihre Vorgänger. Aber die grundsätzlichen Techniken und Topoi, mit denen Fälscher den Eindruck von Glaubwürdigkeit erzeugen, die grundsätzliche Bereitschaft vieler Leser und sogar Experten, betrogen zu werden, und die grundsätzliche Tatsache, daß scheinbar abgesicherte Dokumente oftmals überaus fragwürdig sind, all dies hat sich nicht geändert. Nicht verändert hat sich auch der Grundrhythmus, dem die Entwicklung neuer Methoden der Echtheitskritik folgt: dem Bedarf gehorchend, da neue Arten des Fälschens nach neuen Arten des Entlarvens verlangen. So war die Entstehung der modernen Buchwissenschaft, die anhand minutiöser Merkmale verschiedene Drucktypen identifiziert und Papier chemisch analysiert, um es zu datieren, die Reaktion auf solch brillante Fälscher des neunzehnten Jahrhunderts wie Thomas Wise, der für eine ungeheure Schar leichtgläubiger Sammler authentisch aussehende, allerdings bislang unbekannte frühe Editionen der Schriften von Elizabeth Barrett Browning und anderen herstellte.[68] *Vivit fraus litteraria, et vivet.*

1. *Ancient Near Eastern Texts Relating to the Old Testament*, hg. von J. B. Pritchard, 3. Aufl., Princeton 1969, S. 414, 495.

2. Vgl. im allgemeinen: J. Leipolt und S. Morenz, *Heilige Schriften*, Leipzig 1953, Kap. 3; W. Speyer, *Bücherfunde in der Glaubenswerbung der Antike*, Göttingen 1970; und vgl. auch die Einführung in *The Book of Mormon*, Salt Lake City 1961.

3. *Suda*, s. v. Akusilaos; J. Forsdyke, *Greece before Homer*, London 1956, S. 142.

4. Diodorus Siculus 2.32.4.

5. Vgl. im allgemeinen: Forsdyke, *Greece before Homer*, Kap. 2–3.

6. *Die Fragmente der griechischen Historiker*, hg. von F. Jacoby. Berlin 1923 ff., Leiden 1954 ff. (im folgenden *FrGrHist*) 115 F 154.

7. Vgl. A. Momigliano, »Historiography on Written Tradition and Historiography on Oral Tradition«, in: *Studies in Historiography*, London 1966, S. 211–220.

8. Forsdyke, *Greece before Homer*, S. 44–46. Zu einem viel einfacheren Fall vgl. Herodot 5.59–61. Die skurrilste dieser Inschriften und beschrifteten Reliquien war das Halsband eines sehr alten, der Artemis geweihten Rehs, dessen Inschrift besagt, es sei ein Kitz gewesen, als Agapenor in Ilion war. Dies beweise, so Pausanias, daß Rehe sogar noch älter werden als Elephanten (*Beschreibung Griechenlands* 8.10.10).

9. N. Brox, *Falsche Verfasserangaben*, Stuttgart 1975.

10. Athenaeus, *Deipnosophistae* 1.22d.

11. Galen 17.1.607 Kühn.

12. Diese beiläufige Erklärung findet sich in Galen 15.105 Kühn. Nicht alle modernen Wissenschaftler teilen sie. Vgl. z. B. Speyer, *Die literarische Fälschung im heidnischen und christlichen Altertum*, München 1971, S. 112; W. D. Smith, *The Hippocratic Tradition*, Ithaca und New York 1979, S. 201; und C. W. Müller, *Die Kurzdialoge der Appendix Platonica*, München 1975, S. 12–16, der darin keine Feststellung von Tatsachen, sondern Galens eigene Hypothese sieht.

13. Vgl. im allgemeinen R. Pfeiffer, *History of Classical Scholarship*; Smith, *The Hippocratic Tradition*; und K. J. Dover, *Lysias and the Corpus Lysiacum*, Berkeley 1968.

14. Vgl. die hervorragende Darstellung in Speyer, *Fälschung*, S. 15–17.

15. Dover, *Lysias*.

16. Vgl. W. Ritchie, *The Authenticity of the Rhesus of Euripides*, Cambridge 1964, S. 1–59. Ein ausführlicher Essay über Echtheitskritik, der auch interne und externe Kriterien abwägt, ist Dionysios von Halikarnassos *Lysias*, S. 12.

17. Aulus Gellius, *Noctes Atticae* 3.3; vgl. J. E. G. Zetzel, *Latin Textual Criticism in Antiquity*, New York 1981, S. 17.

18. Siehe N. Brox, *Falsche Verfasserangaben*, insb. S. 105–110.

19. *Letter of Aristeas*, 30.

20. Vgl. im allgemeinen J. R. Bartlett, *Jews in the Hellenistic World: Josephus, Aristeas, The Sibylline Oraeles, Eupolemus*, Cambridge 1985, S. 11–34, mit Erörterung, Teilübersetzung und Kommentar; M. Hadas besorgte eine Ausgabe des vollständigen griechischen Textes mit englischer Übersetzung (New York 1951).

21. Pfeiffer, *History*, S. 100 f.

22. E. J. Bickerman, *Studies in Jewish and Christian History*, Leiden 1976, I, S. 228 f.

23. *Letter of Aristeas*, 29–32.

24. Es bleibt fraglich, inwieweit die tatsächliche Verfasserschaft solcher Werke für die Leser, die sie akzeptierten, von Bedeutung war; eine gegensätzliche Auffassung vertreten Brox, *Falsche Verfasserangaben*, und D. G. Meade, *Pseudonymity and Canon*, Grand Rapids, Michigan 1988, G. Bardy, »Faux et fraudes littéraires dans l'antiquité chretienne«, *Revue d'Histoire Ecclésiastique* 32, 1936, S. 5–23, 275–302.

25. Vgl. A. Momigliano, *Alien Wisdom*, Cambridge 1976.

26. *Corpus Hermeticum* 16.1–2.

27. Siehe Kap. 3 unten. Ein noch eigentümlicherer Fall betrifft den etruskischen Donnerkalender – Erklärungen der ominösen Bedeutung des Donners für jeden Tag des Jahres – mit denen die Haruspizes im ersten vorchristlichen Jahrhundert die Zukunft vorhersagten. Sie gaben vor, es handele sich um wortwörtliche Übersetzungen etruskischer Offenbarungen der uralten Halbgötter Tages und Tarchon – ein weiteres Beispiel für Schriftstücke, die angeblich in einer heiligen Sprache und einer unbekannten Schrift verfaßt waren. Siehe E. Rawson, *Intellectual Life in the Late Roman Republic*, London 1985, S. 305 f.

28. Vgl. die elegante Studie von E. Champlin, »Serenus Sammonicus«, *Harvard Studies in Classical Philology* 85, 1981, S. 189–212.

29. *Historia Augustus, Tacitus* 8.1–2; *Divus Aurelianus* 1.7.

30. *Historia Augustus, Divus Aurelianus* 2.1. Bücher und Aufsätze über dieses Werk haben sich in den letzten Jahren vermehrt wie die Kaninchen. Eine Einführung in die grundlegenden Fragen und Arbeiten ist T. D. Barnes, *The Sources of the Historia Augusta*, Brüssel 1978. Und wer sich für literarische Fälschung interessiert, wird in jedem Fall von Sir Ronald Symes Aufsätzen profitieren, die unter dem Titel *Emperors and Biography: Studies in the Historia Augusta*, Oxford 1971, erschienen sind.

31. Galen, *De libris propriis, Opera minora*, II. Leipzig 1891, S. 91–124.

32. G. Strohmaier, »Übersehenes zur Biographie Lukians«, *Philologus*, 120, 1976, S. 117–122.

33. Galen 15.12–3 Kühn.

34. Galen 15.172–3 Kühn.

35. W. Smith allerdings argumentiert überzeugend, Galens Gründe hätten nichts mit philologischen Überlegungen zu tun, sondern mit seinen Grundannahmen über die hippokratische Medizin; *The Hippocratic Tradition*, S. 166–172.

36. Eusebios, *Historia Ecclesiastica* 7.25.

37. Siehe die Neuausgabe mit französischer Übersetzung und ausführlichen Kommentaren von N. De Lange, in der von ihm herausgegebenen Schrift Origenes, *Lettre à Africanus sur l'histoire de Suzanne*, Paris 1983, S. 514–521.

38. Hieronymus, *De viris illustribus*, 15; übersetzt und erläutert von P. W. Shehan, »St. Jerome and the Canon of the Holy Scripture«, in *A Monument to Saint Jerome*, hg. von F. X. Murphy, New York 1952, S. 267.

39. Photius *Bibliotheca* cod. 1; nähere Informationen über diese und spätere Diskussionen in I. Hausherr, »Doutes au sujet du ›Divin Denys‹« in *Orientalia Christiana Periodica*, 2, 1936, S. 450–464.

40. J. E. Chisholm, *The Pseudo-Augustinian Hypomnesticon against the Pelagians and Celestians*, Fribourg 1967, I, S. 41–48. Ein anderer netter Fall von Spürsinn für Fragen der Authentizität und Fälschung findet sich in den Briefen des Kartäusermönchs Guigo, der alle Pseudepigrapha auflistet, die sich in das Korpus der Hieronymusbriefe eingeschlichen haben. Zum Text vgl. *Patrologia Latina*, 153, cols. 593–594; eine Erörterung dazu: E. F. Rice, Jr., *Saint Jerome in the Renaissance*, Baltimore und London, 1985, S. 47.

41. Speyer, *Fälschung*, S. 197-218.

42. J. Trithemius, »Chronologia Mystica«, *Opera historica*, I, Frankfurt 1601, I., S.**5, verso. Vgl. N. Staubach, »Auf der Suche nach der verlorenen Zeit ...« in: *Fälschungen im Mittelalter*, hg. von H. Fuhrmann (Hannover 1988), I., S. 263–316.

43. Vgl. im allgemeinen P. Lehmann, *Pseudoantike Literatur des Mittelalters*, Leipzig 1927; Neuaufl. Darmstadt 1964; E. Ph. Goldschmidt, *Medieval Texts and their first Appearance in Print*, London 1943.

44. G. Constable, »Forgery and Plagiarism in the Middle Ages«, *Archiv für Diplomatik, Schriftgeschichte, Siegel- und Wappenkunde*, 29, 1983, S. 1–41.

45. M. T. Clanchy, *From Memory to Written Record: England 1066–1307*, London 1979, S. 254f. E. A. R. Brown, »Falsitas pia sive reprehensibilis. Medieval Forgers and their Intentions«, in: *Fälschungen im Mittelalter*, I., S. 101–120.

46. B. Guenée, *Histoire et culture historique dans l'Occident médiéval*, Paris 1980, S. 133–140. Vgl. H. Fuhrmann in *Fälschungen im Mittelalter*, I, S. 51–58. Für eine neue Analyse der *Donatio Constantini* vgl. N. Huyghebaert, »La Donation de Constantin ramenée à ses véritables dimensions«, *Revue d'Histoire Ecclésiastique* 71, 1976, S. 45–69; »Une légende de fondation: le *Constitutum Constantini*«, *Le Moyen Age* 85, 1979, S. 177–209.

47. Vgl. im allgemeinen A. Grafton, »Renaissance Readers and Ancient Texts: Comments on some Commentaries«, *Renaissance Quarterly*, 38, 1985, S. 615–649.

48. Vgl. im allgemeinen C. Mitchell, »Archaeology and Romance in Renaissance Italy«, in *Italian Renaissance Studies*, hg. von E. F. Jacob, London 1960; C. Mitchell and E. Mandowsky, *Pirro Ligorio's Roman Antiquities*, London 1963.

49. Zu diesen Zahlen und einigen glänzenden Beispielen – z. B. Caesars Geleitbrief für Cicero – vgl. F. F. Abbott, »Some Spurious Inscriptions and their Authors«, *Classical Philology* 3, 1908, S. 22–30. Eine besonders detaillierte Untersuchung einer besonders ergiebigen Fälschung dieser Art ist A. Lintott, »*Acta Antiquissima*. A Week in the History of the Roman Republic«, in *Papers of the British School at Rome*, 54, 1986, S. 213–228. Vgl. J. B. Trapp, »Ovid's Tomb«, *Journal of the Warburg and Courtauld Institutes* 36, 1973, S. 35–76; P. Pray Bober, »The *Coryciana* and the Nymph Corycia«, ebd. 40, 1977, S. 223–239.

50. L. Delisle, »Cujas déchiffreur de papyrus«, in *Mélanges offerts à M. Émile Chatelain*, Paris 1910, S. 486–491.

51. Zu Nanni siehe Kapitel 2 und 4 unten. Der findige Alfonso Ceccarelli versuchte sein geschicktes Händchen an Fälschungen buchstäblich jeder Art; im Verlauf seines wechselvollen Berufslebens in Rom und Lunigiana dichtete er für seine Freunde falsche Genealogien, fabrizierte eine komplette Sammlung Notariatsurkunden, die seine Freunde und Gönner in die mittelalterliche Epoche von Lunis Geschichte zurückversetzt und fälschte mindestens eine antike Schrift, Caesars verschollenen *Anti-Catones*. Vgl. G. Pistarino, *Una fonte medievale falsa e il suo presunto autore*, Genua 1958.

52. Eine Schrift aus Vallas Werk und eine Studie ihres Umfeldes ist bei W. Setz, *Lorenzo Vallas Schrift gegen die Konstantinische Schenkung*, Tübingen 1975, erschienen; eine Analyse ist V. de Caprio, »Retorica e ideologia nella Declamatio di Lorenzo Valla sulla donazione di Costantino«, in *Paragone*, 29, 1978, S. 36–51; zur Wirkungsgeschichte des Werkes vgl. G. Antonazzi, *Lorenzo Valla e la polemica sulla Donazione di Costantino*, Rom 1985.

53. Mitchell, »Archaeology and Romance«.

54. C. W. Müller, »Die neuplatonischen Aristoteleskommentatoren über die Ursachen der Pseudepigraphie«, in *Rheinisches Museum für Philologie*, N. F. 112, 1969, S. 120–126; *Pseudepigraphie in der heidnischen und jüdisch-christlichen Antike*, hg. von N. Brox, Darmstadt 1977, S. 264–271; J. Kraye, »The Pseudo-Aristotelian *Theology* in Sixteenth- and Seventeenth-Century Europe«, in *Pseudo-Aristotle in the Middle Ages: The Theology and Other Texts*, hg. von J. Kraye u. a., London 1986, S. 265–286; J. Kraye, »Daniel Heinsius and the Author of *De mundo*«, in *The Uses of Greek and Latin: Historical Essays*, hg. von A. C. Dionisotti u. a., London 1988, S. 171–197.

55. G. Cardano, *Ars curandi parva*, *Opera*, Lyon 1663, VII, S. 192f. Zu *De humoribus* vgl. Smith, *The Hippocratic Tradition*, S. 172–175; Speyer, *Fälschung*, S. 120, Anm. 7, 321; der entscheidende Absatz ist Galen 16.5 Kühn.

56. Zusätzlich zu den bereits zitierten Untersuchungen vgl. L. Panizza, »Biography in Italy from the Middle Ages to the Renaissance: Seneca, Pagan or Christian?« in *Nouvelles de la République des Lettres*,

1984, S. 47–98; P. G. Schmidt, »Kritische Philologie und pseudoantike Literatur«, in *Die Antike-Rezeption in den Wissenschaften während der Renaissance*, Weinheim 1983, S. 117–128.

57. Vgl. A. Grafton, »From *De die natali* to *De emendatione temporum*: the Origins and Setting of Scaliger's Chronology«, in *Journal of the Warburg and Courtauld Institutes*, 48, 1985.

58. Vgl. J. Bernays, *Joseph Justus Scaliger*, Berlin 1855, S. 205 f.; sowie *The Sentences of Pseudo-Phocylides*, hg. von P. W. van der Horst, Leiden 1978; S. 4–6; und H. J. de Jonge, »J. J. Scaliger's *De LXXXV canonibus apostolorum diatribe*«, in *Lias*, 2, 1975, S. 115–124, 263.

59. Vgl. *Iosephi Scaligeri Olympiadon Anagraphe*, hg. von E. Scheibel, Berlin 1852.

60. G. Pasquali, *Storia della tradizione e critica del testo*, 2. Aufl. Nachdruck, Florenz 1971, S. 94 f.

61. M. Pellegrino, »Intorno a 24 omelie falsamente attribuite a s. Massimo di Torino«, in *Studia Patristica*, I, hg. von K. Aland und F. L. Cross, *Texte und Untersuchungen* 63, Berlin 1957, S. 134–141.

62. Vgl. A. von Harnack, »Die Pfaff'schen Irenäus-Fragmente als Fälschungen Pfaffs nachgewiesen«, in *Texte und Untersuchungen*, N. F. 5, 3 (1900), S. 1–69. Pfaffs gefälschte Fragmente provozierten Scipione Maffei, einen der größten Kritiker seiner Zeit, zu einer brillanten Widerlegung, die die Frage ihrer Echtheit ein für allemal klärte – obwohl Pfaff selbst seine Fälschung niemals zugab.

63. Vgl. im allgemeinen J. Mair, *The Fourth Forger*, London 1938, I.; Haywood, *Making History*, Rutherford, Madison and Teaneck 1986; und F. J. Stafford, *The Sublime Savage*, Edinburgh 1988, die beiden letztgenannten mit ausgezeichneten Bibliographien.

64. E. Field schrieb in seiner Besprechung von Buells *Paul Jones, Founder of the American Navy*, New York 1900, die in einem offiziellen Organ der gerade entstehenden geschichtswissenschaftlichen Disziplin erschien, das Buch zeige »sorgfältigste und genaueste Forschungsarbeit. Mr. Buell stützt sich im wesentlichen auf Originalmaterial«. In *American Historical Review*, 6, 1900/1901, S. 589. Eine amüsante Entlarvung ist A. B. Hart, »Imagination in History«, ebd., 15, 1910, S. 231 f.; M. W. Hamilton erzählt die ganze Geschichte in »Augustus C. Buell, Fraudulent Historian«, in *The Pennsylvania Magazine of History and Biography*, 80, 1956, S. 478–492.

65. N. Cohn, *Warrant for Genocide*, 3. Aufl., Chico, California 1981.

66. Siehe Kapitel 2 unten.

67. Zu einem faszinierenden, aber schwer einschätzbaren Fall aus neuerer Zeit, vgl. *The Correspondence of Stephen Crane*, hg. von S. Wertheim und P. Sorrentino, New York 1988, I, S. 6–10; II, S. 661–692. Ein anderer, etwas exotischerer Fall ist von H. R. Trevor-Roper in *Hermit of Peking*, London 1976 brillant dargestellt.

68. Vgl. J. Carter und G. Pollard, *An Enquiry into the Nature of Certain Nineteenth Century Pamphlets*, hg. von N. Barker und J. Collins, London 1983, N. Barker und J. Collins, *A Sequel to an Enquiry*, London 1983.

Fälscher:
Typen und Methoden

Fälschungen, das ist inzwischen sicher deutlich geworden, haben ihren schädlichen Einfluß über Jahrhunderte geltend gemacht. Wie zu erwarten, waren daher sowohl die Umstände, die zu ihnen führten, wie auch die Personen, die sie herstellten, überaus verschieden. Viele Forscher haben versucht, deren Existenz und Vielfalt zu erklären. Aber ihre generalisierenden Theorien vereinfachten häufig, was sie zu erklären vorgeben. Sie stülpen Situationen, die mitunter wahrlich verworren und nicht zu entziffern sind, eindeutige Motive und Bedeutungen über, und unterstellen den frühen Verfassern und Kritikern eine Naivität, die generell unwahrscheinlich wirkt und von einem Gutteil des Quellenmaterials überdies nicht bestätigt wird.

So wird beispielsweise häufig behauptet, Fälschungen florierten in Kulturen und Epochen, die kein Empfinden für Individualität hätten – vor allem, wenn es sich um Schriftliches handele. Gefälscht – ebenso wie plagiiert – wird, so heißt es, wenn die Gebildeten echte Schriften nicht als organisches Produkt des Schriftstellers ansehen, dem sie zugeordnet werden. Aber dieses Argument – das für das abendländische Mittelalter gültig gewesen sein mag, als einigen Gelehrten tatsächlich die Wiederholung dessen, was große Männer vor ihnen gesagt hatten, die höchste Form der Verfasserschaft zu sein schien – erklärt ganz offensichtlich nicht die hellenistische Situation, als ein sehr ausgeprägtes Empfinden für literarische Individualität mit dem ebenso ausgeprägten Wunsch einherging, Leser über die Identität des Verfassers zu betrügen. Eine andere Auffassung lautet, die Existenz von Fälschungen – wie die von Pseudepigraphie im allgemeinen – sei einfach Folge der Publikationsbedingungen in einer Gesellschaft, in der es keine gedruckten Bücher, Schriftenverzeichnisse und öffentliche Bibliotheken gebe. Diese Theorie verpufft im Zusammenprall mit der störenden Tatsache, daß Fälschen nicht nur die Erfindung des Buchdrucks überstanden hat, sondern auch die Entstehung moderner Bildungsinstitutionen und der Geschichtswissenschaft.

Nach einem letzten und verbreiteten Argument haben »frühe« Forscher einfach versucht, Bürgen für jene Lehrmeinungen und Riten zu beschaffen, die sie für wahr hielten, für die sie aber keine schriftlichen Beweise oder Dokumente hatten. Diese Theorie aber beruht, wie wir noch verschiedentlich sehen werden, nicht auf untersuchten Fälschungen, sondern auf Vermutungen. Die von Norman Cohn zusammengetragenen Fakten zeigen deutlich, daß die modernen Fälscher und Verfechter der *Protokolle der Weisen von Zion* gezielt logen, um etwas voranzubringen, was sie für eine gute Sache hielten. Der einzige Grund für die Annahme, früher seien die meisten Fälscher weniger betrügerisch gewesen, ist unser Wunsch, einen beunruhigenden Aspekt der Vergangenheit fortzuerklären.[1]

Letztendlich ist Fälschen ein Verbrechen. Daher wollen wir die drei Aspekte untersuchen, die zu klären sind, wenn es um die Lösung eines – menschlichen oder literarischen – Verbrechens geht: Motiv, Mittel und Gelegenheit. Zumindest wird deutlich werden, daß das Fälschen viel zu vielen Zwecken gedient hat, als daß sich diese mit einer einzigen schlichten These zu einem einzigen Erklärungsknoten verknüpfen ließen.

Die Motive des Fälschers waren ebenso wandelbar und vielfältig wie die eines jeden kreativen Künstlers. Selbstverständlich lassen sich Fälschungen hin und wieder mit schlichten, durchschaubaren sozialen oder beruflichen Ambitionen verbinden. Ktesias, der den daheim gebliebenen Griechen das romantische Morgenland beschrieb, Nanni, der die Abstammung der Borgias von Isis und Osiris nachzeichnete, oder MacPherson, der die Erhabenheit und naive Pracht der keltischen Gesellschaft und Natur zeigte, sie alle waren Außenseiter und hofften, Karriere zu machen. Zumindest den beiden letzten glückte es; Nannis geschickte Phantasien brachten ihm finanzielle Unterstützung und eine Unterkunft ein und inspirierten spanische Chronisten noch über Jahrzehnte; die Ossian-Lieder brachten ihrem Schöpfer nicht nur Ruhm, sondern eine Reihe beeindrukkender Ämter und Einkünfte, die aus dem armen jungen Mann, der zu literarischen Hilfsarbeiten gezwungen war, ein Mitglied des gesellschaftlichen wie literarischen Establishments machten. Selbst Chatterton, von allen Fälschern der isolierteste und verarmteste, betrieb sein Gewerbe in der Hoffnung auf Gewinn. Die verzweifelte Tragik seines Scheiterns und seines Suizides sollte ihn nicht als bloßen Idealisten erscheinen lassen; er glaubte, seine Gedichte, Geschichten und Zeichnungen des alten Bristol würden ihm zu Veröffentlichungen und einem Amt verhelfen. Und zumindest in einigen Fällen – so bei Helbig, dem Schöpfer der Fibel aus Praeneste – ist Karrierismus wohl eine ebenso eindrückliche wie zutreffende Charakterisierung. Helbig machte seine große Entdeckung, als er sich verzweifelt bemühte, in Rom als Archäologe Karriere zu machen und es ihm zu Hause in Deutschland an einflußreicher Unterstützung mangelte. Die Fibel stützte nicht nur seine Theorien, er blieb durch sie auch nach 1887 viele Jahre lang die graue Eminenz der römischen Archäologie.[2]

In anderen Fällen hingegen scheinen die Gründe nicht so materialistisch, sogar phantasievoll. Dionysios und Coleman-Norton hatten aus ihren kleinen Verwirrspielen nichts zu gewinnen als Spaß; und die sadistische Freude, die darin liegt, andere übertölpelt zu sehen, ist offenbar eine befriedigende und verbreitete Form der Entschädigung.[3] Aber *Schadenfreude* ist nicht der einzige emotionale Gewinn, der Fälscher trieb. Nehmen wir als Beispiel den Fall der *Paulusakten*, eine der vielen nichtkanonischen, oft sehr eigenartigen Schriften, die in den ersten Jahrhunderten des Christentums mit jenen Evangelien und Briefen konkurrierten, die wir heute als das Neue Testament kennen – und die in aller Regel nicht aus philologischen, sondern theologischen Gründen aus dem Kanon ausgeschlossen wurden. Die Paulusakten nun erzählen die Geschichte, wie eine fromme Heidin namens Thekla Paulus folgen möchte, obwohl dieser fürchtet, ihr Haar könnte ein sündiges Verlangen auslösen, wie sie sich und ihre Mitgefangenen in der Arena tauft, in die sie geworfen wurde, dort von einer tugendhaften Löwin vor den anderen wilden Tieren gerettet wurde, und trotz Folter und Versuchung ein beispielhaftes Leben christlicher Stärke führte. Der Verfasser, wegen der Fälschung dieses angeblich apostolischen Dokumentes gefangen genommen und verurteilt, gestand, sein Werk sei nicht nur nichtkanonisch, es sei ein gezielter Schwindel. Aber er erklärte auch den Grund seines Tuns. Er habe die Schrift aus Liebe erfunden – aus Liebe zu Paulus.[4] Wenn Fälscher historischen Gestalten großartigere Taten, großherzigere Gefühle und eloquentere Worte zuschreiben, als sie durch die Quellen belegt sind, dürfte der wichtigste Grund hierfür in den meisten Fällen Liebe gewesen sein.[5]

Andere fälschten aus Haß. Kein Fälscher ist in der heutigen Literaturwissenschaft berüchtigter als John Payne Collier, ein Selfmademan, der im frühen neunzehnten Jahrhundert als Journalist anfing und zu einer Kapazität auf dem Gebiet der frühen Geschichte des englischen Schauspiels wurde – und der seine letzten Jahre in Schande verbrachte, nachdem einige seiner vielen Rivalen enthüllt hatten, daß er seine Geschichten und Texteditionen mit erfundenen oder verbesserten Materialien durchsetzt hatte, die er angeblich in privaten oder öffentlichen Bibliotheken gefunden hatte. Keine seiner Fälschungen ist berüchtigter als die Shakespeare Folio-Ausgabe mit Randbemerkungen des sogenannten »Alten Korrektors« – einem frühen Kommentator, dessen Korrekturen am überlieferten Text Collier für echt hielt und die er bei seiner editorischen Arbeit ausgiebig benutzte. Colliers Feinde vernichteten seinen Ruf, indem sie die Anmerkungen des Alten Korrektors analysierten und nachwiesen, daß einige Korrekturen moderne Fälschungen waren, die erst mit Bleistift eingetragen und dann in der imitierten Schrift des Alten Korrektors mit Tinte nachgezogen worden waren. Dieser Nachweis zerstörte Colliers weiteres Leben völlig. In Wahrheit aber war – wie er selbst immer behauptete – gerade dieser Angriff auf seine Redlichkeit selbst Teil eines literarischen Verbrechens. Der wahre Verfasser der Einschübe war vermutlich nicht Collier, sondern Sir Frederick Madden, ein besser ausgebildeter und gesellschaftlich höher stehender Feind, Kurator der Handschriften im Britischen Museum. Madden haßte Collier aus einer Reihe von Gründen, er verfügte über die Ausbildung und die Erfahrung, die Fälschung auszuführen (und seine Schrift ähnelt der des Fälschers tatsächlich mehr als Colliers), und der Band befand sich in seiner Obhut, bevor die entscheidenden Notizen entdeckt wurden. Zumindest in diesem Fall löst sich die scheinbar plausible Erklärung, die Ehrgeiz postuliert – Colliers Wunsch nämlich, zu einer Zeit innerhalb der literarischen Forschung erfolgreich zu sein, als Standards und Methoden noch nicht festgelegt waren – in nichts auf, sobald man die näheren Umstände und Maddens Hinterhältigkeit in Betracht zieht.[6]

Da Fälschungen intellektuelle und wissenschaftliche – und häufig alles andere als triviale – Unterfangen sind, lassen sie sich durch das Aufzählen von Motiven und Ambitionen allein selten völlig erklären.[7] Die meisten Fälschungen, welcher Größenordnung und Ernsthaftigkeit auch immer, sollen nicht nur die Karriere ihres Erfinders fördern, sie sollen auch seine Meinung und Weltanschauung stützen. Helbigs Praeneste-Fibel, zum Beispiel, untermauerte auf elektrisierend präzise Art seine Theorie über die früheste Form der lateinischen Sprache. Nannis Weltgeschichte diskreditierte die Werke antiker griechischer Verfasser, die immer populärer wurden, und deren Einfluß auf die humanistische Kultur Italiens er verabscheute und beklagte.[8]

Die vielen sich nah-östlich gebenden Fälschungen der hellenistischen und der Kaiserzeit, waren ohne Zweifel mehr als ein bloßes Täuschen von Vertrauensseligen. Ihre Verfasser hielten sich tatsächlich für Nachfahren von Völkern und Kulturen, die älter und edler waren als die siegreichen Griechen und Römer. Sie versuchten, so systematisch wie möglich authentische Dokumente und Kulte des alten Ägyptens und Babylons zu sammeln. Aber die traditionellen geistigen Eliten, die ihre Kulturen erhalten und gepflegt hatten, waren bestenfalls im Niedergang begriffen, schlimmstenfalls zersplittert und demoralisiert. Wie jene Mittelamerikaner, die nach der spanischen Eroberung ihre überlieferten Anbetungs- und Weissagungsrituale neu zu beleben suchten, so sprachen auch sie nicht mit der echten Stimme einer bestehenden, noch praktizierten Tradition, sondern mit der kraftlos gewordenen Stimme des Opfers, das einer verlorenen, noch immer geliebten Tradition entrissen wurde. Sowohl Philon von Byblos, Hermes Trismegistos wie auch Pseudo-Manethon, der Verfasser des »Sothisbuches«, logen, um das zu verbreiten, was sie als die höchste, vergessene Wahrheit über den Kosmos und die Vergangenheit ansahen.[9]

Einige Fälscher sind fraglos Lumpen, die in ethischen Fragen und Richtlinien innerhalb wie außerhalb der Literatur ohne Verantwortungsgefühl sind. Edmund Backhouse, der »Pekinger Eremit«, ein englischer Baron unseres Jahrhunderts, der seine gefälschten erotischen Chinoiserien Historikern und dem normalen Lesepublikum unterschob, und der der Bodleiana – der Universitätsbibliothek Oxford – viele chinesische Handschriften gab, war sein Leben lang von finanziellen und persönlichen Skandalen verfolgt. Er war ein Phantast und Lügner, dem neben Fälschungen auch Veruntreuungen zur Last gelegt wurden, und als solcher der Prototyp des Schurken, der bereitwillig alle und alles korrumpiert – einschließlich seiner beträchtlichen Begabung als Sinologe – um auf unehrliche Weise seinen Lebensunterhalt zu verdienen.[10]

Karl Benedikt Hase – der zu den deutschen Emigranten zählte, die im frühen neunzehnten Jahrhundert das kulturelle Leben von Paris so sehr bereicherten – scheint ein gutes Beispiel für den Typus von Fälscher zu sein, der die Geschichtsschreibung verzerrt; er hatte einen griechischen Text geschrieben, ins Lateinische übersetzt, detailliert kommentiert und herausgegeben, den er in Paris entdeckt haben wollte, und der die älteste Urkunde der russischen Geschichte zu sein schien – um Jahrhunderte älter als jede andere. Schließlich hatte Hase mitunter kaum genug zum Leben und legte selten besondere ethische Skrupel an den Tag. Sein Tagebuch, in fließendem, wenn auch gelegentlich unklassischem Griechisch geführt und in der Bibliothèque Nationale erhalten, berichtet nicht nur davon, wie er auf der Suche nach »biftek« in Restaurants einfiel, sondern auch von seinen Ausflügen in dunkle Gassen zum Stelldichein mit »zwei Prostituierten und einem Godemiché«. Diese typische Gestalt aus Eugène Sue, die, bevor Hausmann seine Boulevards durch die Stadt trieb, in den geheimnisvollen, schmutzigen Straßen von Paris von einem Lichtkreis zum nächsten huschte, wirkt ganz wie der geborene Verbrecher.

In Wirklichkeit ist der Fall Hase weder klar noch einfach. Er war ein seriöser und unglaublich hart arbeitender Gelehrter, der seine meisterliche Beherrschung der griechischen Philologie nicht nur mit dem griechischen Text des *Toparcha Gothicus* unter Beweis stellte, jener gefälschten Geschichte Rußlands also, die ein Jahrhundert lang allen Untersuchungen trotzte, sondern auch mit zahlreichen rechtmäßigen philologischen Arbeiten. Er redigierte mit Geschick, Hingabe und unermüdlicher Detailtreue echte byzantinische Texte aus den verworrensten und fragmentarischsten Handschriften. Er steuerte umfangreiches Material zu einem der bedeutendsten Gemeinschaftsprojekte des neunzehnten Jahrhunderts bei – der noch heute maßgeblichen Didot-Ausgabe von Henri Estiennes *Thesaurus linguae Graecae*. Er entzückte Franzosen und ausländische Besucher gleichermaßen mit seinem Witz und seiner umfassenden Bildung, die ihm den liebevollen Spitznamen »Vater Hase« eintrugen.[11]

War Hases Reputation als Mensch und Textkritiker zumindest gemischt, so war der Ruf eines Erasmus von Rotterdam fast makellos.

Moderne Wissenschaftler verehren ihn völlig zu Recht als einen der großen Enthüller von Irrtümern und Lügen. Er verfügte über ein umfassendes Wissen der antiken Geschichte und Literatur sowie ein hochentwickeltes stilistisches Empfinden. Als Erasmus sich dem umfangreichen Korpus jener Schriften zuwandte, das traditionell Seneca zugeschrieben wurde – in dem einige antik und einige jünger, einige pseudepigraphisch und einige gefälscht, und einige von anderen Verfassern gleichen Namens waren – löste dieses scharfe Skalpell mühelos aus dem echten Material den vermeintlichen Briefwechsel zwischen Seneca und dem Apostel Paulus heraus. In einem schneidenden Vorwort führte Erasmus hierfür stilistische, historische und inhaltliche Gründe heran: »In den Briefen des Paulus findet sich nichts, was seinem Geist würdig wäre. Selten hört man den Namen Christi, der ansonsten Paulus' Rede durchzieht. [Der Verfasser] macht den mächtigen Verteidiger des Evangeliums feige und zaghaft ... Und es ist ein Beweis ungeheurer Dummheit, wenn er Seneca das Buch *De copia verborum* an Paulus schicken läßt, das ihn befähigen soll, besser Latein zu schreiben. Hätte Paulus das Lateinische nicht beherrscht, hätte er griechisch schreiben können. Seneca konnte Griechisch.«[12]

Erasmus sah im Ausmerzen des Unechten sogar eine der großen Aufgaben seiner Berufung als christlicher Gelehrter. Darum nahm er das *Comma Johanneum* (1. Joh. 5,7) – die nachdrücklichste biblische Bestätigung der Dreifaltigkeitslehre – nicht in die erste Ausgabe seines Neuen Testaments auf. Seine Abneigung gegen eine Kultur, die auf literarischem Betrug gründet, wird an seiner Hieronymus-Biographie deutlich, die die mittelalterlichen Legenden von übermenschlichen Heilungen und Wundern scharf verurteilt, da sie Tatsachen verzerren und vertuschen.[13] Als er die Gründe anführt, warum er, wie Laurentius Valla vor ihm, die Schriften des Dionysios Areopagites verwerfe, betont er seine Abneigung gegen jegliche Art von Trugschrift, selbst wenn sie einem wünschenswerten Zweck dienten: »In jenen Tagen glaubten selbst fromme Männer, es sei gottgefällig, mit Hilfe dieses Betrugs das Volk zum Lesen anzuregen.«[14]

1530 brachte Erasmus die zweite Auflage der Cyprian-Schriften heraus. Sie enthielt als noch bei Drucklegung hinzugefügten Anhang die Abhandlung *De duplici martyrio* (Über die beiden Arten des Märtertums), die, wie der »Index« ausführt »in einer sehr alten Bibliothek gefunden wurde; auf daß es möglich sein möge, weitere wertvolle Schriften von ihm ausfindig zu machen«.[15] Dieser Text pries die Tugenden der Märtyrer im traditionellen Sinne, d. h. derer, die starben, um Zeugnis abzulegen für die Wahrheit, fuhr dann aber fort, indem er andere Formen des christlichen Lebens – das Leben derer, die zum Sterben bereit, aber nicht dazu berufen waren, das Leben der Jungfrau, die darum kämpft, die Sünde zu vermeiden – als ebenso verdienstvoll pries wie das Märtyrertum. Er vertrat eine

Position, die Erasmus sehr entsprach, der jene Spielart des Christentums niemals gemocht hatte, die Leiden mit Tugend gleichsetzte, und der den menschlichen Christus, der in Gethsemane dem Tod zu entgehen hoffte, immer dem göttlichen Christus vorgezogen hatte, der durch seinen Tod auf Golgatha die Menschheit errettete. Diese Abhandlung ist in keiner bekannten Handschrift oder alten Bibliothek erhalten. Sie legt Bibelstellen auf ganz eigene Weise aus – eine Weise, die sich auch in Erasmus' Kommentaren zum Neuen Testament finden. Und sie ist in einem wunderschönen, aber ganz eigenen Latein geschrieben, in das biblische und patristische Zitate eingeflochten sind, und das sich durch den häufigen Gebrauch von Nomen mit diminutiven Endungen auszeichnet – just das Latein, in dem Erasmus seine bedeutenden literarischen Werke wie *Lob der Torheit* schrieb, die er anerkannte, und das lustigere *Julius vor der verschlossenen Himmelstür*, das er nicht anerkannte. *De duplici martyrio* ist nicht Erasmus' Entdeckung, es ist seine Schöpfung; es bezeichnet den Versuch, in der frühen Kirche seine Theologie bestätigt zu finden, und zwar um den Preis – von dem er anderenorts sagte, er sei grundsätzlich zu hoch –, die Zeugnisse dieser Kirche zu fälschen. Der bedeutendste patristische Gelehrte des sechzehnten Jahrhunderts fälschte ein wichtiges patristisches Werk.[16]

Erasmus war nicht der einzige seriöse und gebildete Herr, der die gesamte Gelehrtenwelt mit einer untypischen Betrügerei foppte. Carlo Sigonius war, später im sechzehnten Jahrhundert, auf zwei oder drei Gebieten der maßgebliche Gelehrte seiner Zeit: Rekonstruktion der Chronologie und Verfassungsgeschichte des frühen Roms, Geschichte des mittelalterlichen Italiens und Theorie der Historiographie. Er war ein hochgeschätzter Lehrer und überaus produktiver Autor, vor allem für seine große Vertrautheit mit Ciceros Werk sowie für seine Fähigkeit bekannt, die reinste ciceronische Prosa zu schreiben. Zu Beginn der achtziger Jahre des sechzehnten Jahrhunderts veröffentlichte er eine neue Schrift, die er angeblich von einem Buchdrucker bekommen hatte – die bereits erwähnte *Consolatio*, die Cicero beim Tod seiner Tochter schrieb. Dieses Werk – nur in Fragmenten und Zeugnissen klassischer Autoren erhalten – wurde eifrig gekauft, begierig gelesen und umgehend als Fälschung bezeichnet. Zeitgenössische Leser meinten, das Werk bemühe sich allzu sehr um den Beweis seiner eigenen Authentizität; es enthalte stilistische Italianismen, unpassende Gedankengänge, und sogar Sätze, die von früheren Renaissance-Schriftstellern übernommen seien. Auch wenn sich nicht alle einig waren, wer dafür verantwortlich sei, so schrieben viele sie Sigonius selbst zu – vor allem als er, lustlos aber verbissen, das Buch gegen alle Angriffe verteidigte. Die Auseinandersetzung brachte ihn nur in Verruf, und die Schrift scheint seiner Aufmerksamkeit nicht würdig – oder seiner Verfasserschaft.[17] Dennoch scheint sicher, daß Sigonius sie tatsächlich verfaßte, vielleicht als Einübung in die rhetorische Gattung der Trostschrift, vielleicht mit Unterstützung – ganz sicher aber unter Vorspiegelung falscher Tatsachen. Hier erweist sich, wie schon bei Erasmus, ein großer Gelehrter als großer Sünder gegen die wissenschaftlichen Grundregeln, obwohl in seinem bisherigen Leben nichts auf einen solchen Schritt hingedeutet hatte. Und in Sigonius' Fall gibt es, anders als bei Erasmus, für seine Tat auch keine offensichtliche idealistische Rechtfertigung.

Mit anderen Worten, der Wunsch zu fälschen kann fast jeden beißen und infizieren: den Gebildeten wie den Unwissenden, den Aufrichtigen wie den Schurken. Unter manchen Umständen schien es natürlich nicht ganz so unmoralisch wie unter anderen – oder vielleicht gar nicht unmoralisch. So war Nanni Dominikaner; und die Bettelmönche des späten Mittelalters handelten offenbar häufig in der Annahme, daß echte Zeugnisse und Geschehnisse der Erhöhung und Dramatisierung bedurften, wenn sie ihrem heiligen Gegenstand gerecht werden wollten. Dominikaner des Mittelalters schmückten in ihren Biographien des Heiligen Hieronymus die über ihn bekannten Tatsachen mit den farbenfroheren Details aus, er sei nach seinem Tode wiederholt in fester, materieller Form erschienen; er habe einen Abt, der nicht genügend Respekt gezeigt habe, an den Rand einer Klippe gestoßen und erst leben lassen, als dieser gelobt hatte, eine Kirche zu bauen und sie Hieronymus zu weihen. Dominikaner des frühen sechzehnten Jahrhunderts verzierten in Bern eine Statue der Jungfrau Maria mit Lacktropfen, um zu zeigen, daß die Statue weinte – und somit Wunderkräfte besitze; sie sprachen sogar durch ihren Mund, indem sie ein Sprachrohr einführten, und verkündeten vorgeblich göttliche Prophezeiungen und Gebote.[18] Wie jene frühen Rabbis, deren exegetische Methode der *Haggada* – das Erfinden belehrender Erzählungen – die Tatsachenlücken und fehlende Motive in den kargen Dramen des Pentateuch ergänzten, erfanden sie Schriften und Begebenheiten, die sie brauchten, selbst wenn es sich dabei um Themen und Wesen von größter Ernsthaftigkeit handelte. Schließlich gab es in dieser immer schriftkundigeren und kritischeren Zeit keinen anderen Weg, die mündlichen Überlieferungen der spätmittelalterlichen Kirche zu behaupten. Nanni stand folglich nicht nur in einer Tradition literarischer Fälschung, sondern auch in der spätmittelalterlichen Kultur seines Ordens, Geschichten zu erfinden; wen wundert es, wenn er sich berechtigt fühlte, die Wahrheit durch *pia fraus* zu rekonstruieren.

Aus solchen Einzelfällen, wie manche Historiker es getan haben, den allgemeineren Schluß zu ziehen, das Gedeihen von Fälschungen beweise, daß frühere Epochen unseren Wahrheits- und Authentizitätsbegriff nicht teilten, ist allerdings mit Sicherheit ungerechtfertigt. Fälschen führt den Tugendhaften offenbar ebenso in Versuchung wie den Schwachen, und wer es am schärfsten verurteilte, fälschte häufig selbst. Mit allgemeinen Thesen wird man diesem Gestrüpp komplizierter Einzelfälle nicht gerecht.

Generalisierungen werfen zwar wenig Licht auf das verworrene und unzugängliche Gebiet der Ziele, erleuchten jedoch grell das lebendige und zugängliche Areal der Mittel. Fälscher waren über die Jahrhunderte in der Wahl ihrer Methoden ebenso stetig wie sie in ihren Persönlichkeiten und Interessen verschieden waren. Die Palette des Fälschers weist, heute wie vor zwei Jahrtausenden, eine relativ begrenzte Anzahl Farben auf. Schließlich stellen sich ihm nur einige wenige Aufgaben, und die haben sich über die Zeiten nicht sehr verändert. Er muß seinem Text das Erscheinungsbild – das sprachliche Erscheinungsbild als Text und das materielle Erscheinungsbild als Dokument – einer Epoche verleihen, die erheblich älter ist als seine eigene und von dieser sehr verschieden. Er muß sich, mit anderen Worten, zwei Dinge vorstellen: wie hätte dieser Text ausgesehen, *als er geschrieben wurde*, und wie müßte er *jetzt, da er ihn gefunden hat*, aussehen. Zwei Arten von Phantasie sollten zu zwei getrennten, komplementären Schritten im Fälschungsprozeß führen: er muß einen Text produzieren, der entfernt scheint vom heutigen Tag, und einen Gegenstand, der entfernt scheint von seiner angeblichen Entstehungszeit. Dann bleiben zwei weitere praktische Aufgaben: er muß erklären, woher er dieses Dokument hat, und er muß zeigen, wie es in das Puzzle der bereits bekannten Dokumente paßt, die von seiner eigenen Zeit als Zeugnisse einer wichtigen oder attraktiven Epoche der Vergangenheit akzeptiert werden. Phantasie und Wahrheitsnachweis, die Fälschung herstellen und ihren Stammbaum erfinden; diese schlichten Kategorien sind alles, was der Fälscher braucht – mit einer Ausnahme. Dieser letzte Punkt aber ist entscheidend und häufig schwer faßbar. Der Fälscher muß es verstehen, seinem Werk ein Flair von Überzeugungskraft und Wahrheit zu verleihen, ein Gefühl von Authentizität. Wie ein Mann, der seine Bank mit geputzten Schuhen, Bügelfalte und Krawatte betritt, wenn er um ein Darlehen nachsuchen möchte, so muß der ernsthafte Fälscher der Welt mit jener zusätzlichen Portion Vertrauen begegnen, die eine allgemeine Aura von Solidität und Wohlstand erzeugt – und er muß die Welt ablenken oder davon abhalten, die durchgescheuerten Stellen und Mängel zu bemerken, die Unruhe und Verdacht wecken könnten. Und in diesem letzten Punkt sind – wie wir sehen werden – die Methoden vielfältiger und die Probleme schwieriger zu bezwingen als bei den anderen.

Zwei Meister des achtzehnten Jahrhunderts zeigen so anschaulich wie kein anderer Fälscher, wie man die üblichen Techniken auf anregende und originelle Weise anwenden kann: Thomas Chatterton – Fälscher von Gedichten, Traktaten und Chroniken, die angeblich aus dem spätmittelalterlichen Bristol stammten, das sie beschrieben – und William Henry Ireland – Schöpfer von Dokumenten, Artefakten und einem Shakespeare-Stück, *Vortigern*. Beide waren jung, und beiden gelang es dennoch, einige jener gebildeten – wenn auch exzentrischen – Amateurgelehrte und Altertumsforscher zu täuschen, in deren Händen zur damaligen Zeit die englische Wissenschaft lag. Chatterton dachte sich eine vollständige Welt mit prächtigen Toren, hoch aufragenden Mauern und vornehmen Kirchen aus; jedem dieser Bauwerke verlieh er mittels Skizzen ein Aussehen und mittels begleitender Dokumente eine fortlaufende Geschichte. In seinen Schriften gelang ihm ein noch schwierigerer und bestechenderer Beweis seines historischen Einfühlungsvermögens: er konstruierte und benutzte eine rekonstruierte Sprache mit archaischen Wörtern aus dem Standardwortschatz von Chaucer und anderen frühen Schriftstellern, und schuf einen *Verfremdungseffekt*, indem er sie einer Rechtschreibung unterwarf, die sich vor allem durch unübliche Vokalbildung und den unbeholfenen Gebrauch zusätzlicher Konsonanten auszeichnete. Die Handschrift war Chattertons sorgfältig auf »mittelalterlich« getrimmte Schrift, und das Dokument war, wie alle seine Fälschungen, auf Pergament geschrieben und durch Färben gealtert (er benutzte manchmal Tee für eine befriedigende Braunfärbung von Papier und Schrift). Die meisten Leser des achtzehnten Jahrhunderts hielten das Ergebnis offensichtlich für mehrere hundert Jahre alt.[19]

Eine Kostprobe seines Werkes soll einen Eindruck von dessen wissenschaftlicher Tiefe, sensibler Stimmigkeit und Gefühl für die Zeit vermitteln. Ein kurzes Gedicht von W. Canynge – den Chatterton ansonsten als Gönner Thomas Rowleys, seines eigentlichen Dichters, behandelte – beschwört eine heitere Vision des spätmittelalterlichen Englands herauf, das von vielen dicken, schläfrigen Honoratioren und einigen wenigen dünnen, scharfsinnigen Dichtern bevölkert war. Es ist Lyrik in der Art von Brueghel:

THOROWE *the halle the Belle han sounde*
Byelecoyle doe the Grave beseeme
The Ealdermenne doe lye arounde
And snoffelle oppe the cheorte steeme
Lyke asses wylde ynne desarte waste
Swotellye the Morneynge Ayre doe taste
Syche coyne theie ate. The Minstrels plaie
The tyme of Angelles doe thei kepe
Heie stylle the Guestes ha ne to saie
Butte nodde yer thankes ande falle aslape
Thos echone daie bee I to deene
Gyf Rowley Iscamm or Tyb. Gorges be ne seen.[20]

Diese Sprache ist gezielt archaisch und naiv, die Rechtschreibung verdoppelt wahllos Konsonanten. Überdies schrieb Chatterton das ganze Gedicht in altertümlicher Schrift auf ein Pergament, das auch zwei Wappen trug.

Damit schuf er sowohl ein materielles wie ein poetisches Relikt jener Bristol-Elite feinsinniger Geister, die sich inmitten schnarchender, überfressener Babbitts der Handelsstadt nach gegenseitiger Gesellschaft sehnten. Und Tyrwhitt, der 1777 Chattertons Gedichte herausgab, war sich offensichtlich der vielfältigen Vorzüge dieses Relikts bewußt, denn er setzte es als gestochenes Faksimile neben den ansonsten einfach gedruckten Text. Chatterton hoffte, daß dieses Dokument, aus materiellen wie inhaltlichen Gründen, dem ganzen Korpus jene beiden Vorzüge verleihen würde, die eine Fälschung braucht: das Gefühl, der Gegenwart des Lesers ebenso entrückt zu sein wie seiner eigenen Entstehungszeit.

Wer Fälschungen erforscht, spezialisiert sich – wie bei anderen Arten von Literatur – meist auf eine Epoche und versucht häufig, die Tricks dieser Fälscher eng mit ihrem unmittelbaren Umfeld zu verknüpfen. So wurde beispielsweise in der neueren Chatterton- und Ireland-Forschung die Auffassung vertreten, ihre hochdifferenzierten Bemühungen um die Herstellung von Texten und Gegenständen, die historisch echt wirkten, sei eine Reaktion auf die umfassenderen Veränderungen in den Geschichtswissenschaften, die zur gleichen Zeit geschahen. Gelehrte des achtzehnten Jahrhunderts begannen, nicht nur die Taten von Königen zu preisen, sondern auch die Struktur des Alltagslebens früherer Zeiten aufzuspüren. Sie belegten ihre Darstellungen durch detaillierte Zitate aus genau bezeichneten Dokumenten, befaßten sich auf ernsthafte Weise mit dem Problem historischen Wissens und benutzten immer raffiniertere Techniken, um Alter und Wasserzeichen des Papiers, die Farbe der Tinte, die Arten der Schrift und andere äußere Echtheitskriterien zu überprüfen. Chattertons und Irelands Fälschungen trugen eine solche schwere Rüstung äußerer und innerer Beglaubigungen, weil sie auf eine differenziertere Echtheitskritik treffen würden als ihre Vorgänger.[21]

Dies ist ohne Zweifel ein gewichtiges Argument. Setzt man jedoch Chattertons und Irelands Techniken in ihren Langzeit-Kontext – den der Tradition abendländischer Fälschung nämlich –, zeigt sich schon bald, daß das, was sie taten, wenig radikal Neues hatte. Seit der Antike versuchen Fälscher, ihren Arbeiten den Anschein von Alter zu geben. Daß sich beispielsweise eine Fälschung einer angemessen archaisierenden Sprache bedienen muß, wußte Nanni schon drei Jahrhunderte zuvor. Er gab einer seiner Fälschungen, Berosos' Geschichte der antiken Welt, den Titel *Defloratio* (ein Wort, das er in der lateinischen Übersetzung von Flavius Josephus' *Jüdische Altertümer* aus dem sechsten Jahrhundert gefunden hatte) und erläutert dazu: »Die Orientalen pflegen eine kurze, auf öffentlichen Zeugnissen basierende Erzählung *Defloratio* zu nennen« – womit er den fremdländischen Charakter von Berosos' Sprache etablierte (die Tatsache, daß Berosos nicht lateinisch, sondern griechisch schrieb, überging Nanni geflissentlich).[22] Auch der Gedanke, daß eine gute Fälschung in das richtige archaische Äußere gehüllt werden mußte, war für Nanni eine Banalität. Das berühmte Edikt des lombardischen Königs Desiderius – ein »antikes Monument«, das er bei einer inszenierten Ausgrabung »entdeckte« – hatte er in einem Faksimile lombardischer Schrift geschrieben (die, wie wir heute wissen, er aber nicht wußte, nur für Handschriften und nicht für Inschriften benutzt wurde).[23] Und er ließ seine angeblichen Geschichtsschreiber in prächtigen großen Antiquabuchstaben drucken, die ganz offensichtlich an die Fonts der lateinischen Bibel erinnern sollten, um so jenen Eindruck von Alter und Glaubwürdigkeit zu erwecken, der einem echten priesterlichen Chronisten der Antike gebührte.

Diese Techniken wurden überdies im fünfzehnten Jahrhundert nicht erfunden, sondern wiederentdeckt. Denn die Vorstellung, daß altertümliche Wendungen und eine ungewöhnliche Schrift das hohe Alter eines Dokumentes bewiesen, war in Griechenland schon um die Mitte des fünften Jahrhunderts bekannt. Die Inschriften aus dem siebten Jahrhundert, die Herodot auf Dreifüßen im boiotischen Thebai sah – und die seiner Meinung nach sogar auf Oedipus zurückgehen mußten – schienen antik und echt, weil sie mit »kadmischen Buchstaben« geschrieben waren, d. h. einem Alphabet wie das Altionische.[24]

Überholte literarische Ausdrucksformen konnten auch herangezogen werden, wenn der gewünschte Effekt mit neuen nicht zu erzielen war. Als die Juden der hellenistischen Zeit versuchten, die organische Verbindung zwischen ihren Offenbarungen und der Kultur des klassischen Griechenland aufzuzeigen, taten sie dies mit findiger Unumwundenheit. Sie machten einfach Gedichte, die sich der normalen Sprache und Metrik griechischer Tragödien und Epen bedienten, schrieben sie heidnischen Prophetinnen oder Sibyllen, bzw. großen griechischen Schriftstellern wie Sophokles zu – und durchsetzten sie mit monotheistischen Gedanken. Kurz gesagt, sie stellten sich vor, was ein Athener Tragödiendichter getan hätte, um seinem Glauben an einen Allmächtigen und Allgegenwärtigen Ausdruck zu verleihen.[25] Die *Historia Augusta* geht hierin sogar noch weiter, indem sie eine Fülle scheinbar unerheblicher Details zu Weltanschauungen, Redensarten, magischen Praktiken und sexuellen Gewohnheiten der Kaiser anführte, um ein plastisches, überzeugendes Bild von deren Zeit zu beschwören – genau das, was auch ein echter Biograph wie Suetonius tat.

Selbst die Vorstellung, eine gute Fälschung müsse künstlich gealtert sein, um ihren Abstand zu ihrer Entstehungszeit zu beweisen, war schon mit Nanni kaum neu. Es läßt sich kaum erraten, wer als Erster ›distressing‹ praktiziert haben mag, wie man diese Kunst im Theater nennt; aber man kann annehmen, daß sie der antiken Welt ebenso vertraut war wie dem alten China des fünften Jahrhunderts, wo Fälscher »Tropfwasser von Strohdächern benutzten, um die Papierfarbe zu verändern, und das Papier absichtlich nachlässig behandelten, damit es wie ein altes Schriftstück aussah«.[26] Das Bemühen, sich die Welt vorzustellen, die den eigenen Text hervorbrachte, und das Bemühen, ihm die Patina von hohem Alter zu verleihen, entstehen nicht erst mit der Aufklärung, sondern gehören zum *longue durée* des literarischen Betrugs.

Die Fälscher des achtzehnten Jahrhunderts machten sowohl um Herkunft und Hintergrund ihrer Schöpfung als auch um deren Inhalt und Phrasierung viel Wind. Ireland erfand und inszenierte den Mythos des adligen Fremden aus der Nähe von Stratford, der sich mit ihm angefreundet und ihm seine reiche Artefakten- und Handschriftensammlung zur Verfügung gestellt hatte, mit gleicher Sorgfalt wie die eigentlichen Texte.[27] Auch Chatterton erfand die Geschichte der archivarischen Entdeckung im vergessenen Urkundenraum einer Kirche, um zu erklären, wie er an so viele neue Stücke kommen konnte. Und beide gaben sich jede erdenkliche Mühe nachzuweisen, daß die Schlüsse, die sie aus diesen neuen Schriften zogen, auf irgendeine Weise mit den angesehensten Forschungsergebnissen ihrer Tage vereinbar waren – was gelegentlich allergrößte Wendigkeit erforderte, so, als Chatterton den Hl. Werburgh erwähnte und dann erfuhr, daß der Hl. Werburgh eine Frau war – woraufhin er schnurstraks seine angeblichen Quellen verkünden ließ, die Heilige sei nach dem Heiligen benannt, der sie bekehrt habe.[28]

Diese Strategien – und all die Mühe mit ausgeklügelten Beweisen, die die Beweise bestätigen sollten – wurden auch als Reaktion auf neue Forschungsbedingungen erklärt: auf den selbstbewußten Skeptizismus des ausgehenden siebzehnten und des achtzehnten Jahrhunderts, als Gelehrte die Glaubwürdigkeit aller Zeugen – selbst der vier Evangelisten – einer gründlichen Prüfung unterzogen, und noch die vertrautesten überlieferten Mythen, so der römische Mythos von Romulus, Remus und der Wölfin, von den neuerdings wachsamen *philosophes* verächtlich verworfen wurden. Doch auch hierin arbeiteten die Fälscher des achtzehnten Jahrhunderts in lange bestehenden Traditionen. Seit der Antike meinten Fälscher erklären zu müssen, wie sie in den Besitz der verblüffenden, bislang unbekannten neuen Stücke gelangt waren. Und machten es genau wie Chatterton und Ireland: sie erfanden mysteriöse, aber beeindruckende Herkunftsgeschichten.

Wenn die Priester Israels behaupteten, das Gesetzbuch im Tempel gefunden zu haben, oder wenn der Verfasser des Vorwortes von Diktys' Trojaroman behauptete, er habe dessen Tagebücher in einem Lagerkeller in Knossos gefunden, der durch ein Erdbeben geöffnet worden war, oder wenn Geoffrey von Monmouth behauptete, er habe seine Trojanischen Legenden in einem alten britischen Buch gelesen, das sich im Besitz des Archidiakons Walter befunden habe, dann lieferten sie damit alle ähnliche archivarische Stammbäume wie Chattertons Urkundenraum ihn ermöglichte – eine angebliche Garantie, daß das, was wie die freie Erfindung eines Einzelnen wirken mochte, in Wirklichkeit über Jahrhunderte in einem unantastbaren Archiv erhalten geblieben war. Daß dieser Topos beeindruckender Bücher, die plötzlich auftauchen, seine vermuteten Anfänge in der Aufklärung lange überlebt hat, beweist die Geschichte der Mormonen. Und in allen Fällen scheint das gleiche tiefverwurzelte Bedürfnis am Werk gewesen zu sein, den wundersamen Erzählungen solcher Überraschungsfunde Glauben zu schenken; jedenfalls wurden dieselben Geschichten – zu atemberaubend verschiedenen Zeiten, Orten und kulturellen Milieus – immer wieder mit gleicher Erregung und Vertrauensseligkeit aufgenommen.

Eine zweite Authentifizierungsmethode, die Chatterton anwandte – der ersten ähnlich, nicht aber identisch mit ihr – besteht darin, für die textimmanente (im Gegensatz zur archivarischen) Garantie von Autorität zu sorgen, also den Namen und die Lebensumstände eines früheren Verfassers, der den Schwindel bezeugt. Zumindest in seinem Fall – und er ist keinesfalls einzigartig – ist dieses Verfahren hochkomplex und beglaubigt mitunter die eigenen Beglaubigungen. Sein Hauptinformant für das mittelalterliche Bristol war (angeblich) Priester Thomas Rowley aus dem fünfzehnten Jahrhundert, der vermeintliche Verfasser der Werke, die Chatterton entdeckt hatte. Rowley aber hatte seinerseits einen Hauptinformanten, den er ausgiebig zitierte, eine noch frühere Figur, ebenfalls erfunden, die er »myne Authour Turgotte« nannte. Das Verschieben der Autorität vom gefälschten Text, der vor uns liegt, zu einer nichtexistenten früheren Quelle, auf der er selbst beruht, ließe sich an Chattertons Zeit knüpfen: es ähnelt sehr stark der Technik der damaligen Verfasser von Briefromanen, die an die Stelle der narrativen Stimme eines einzigen Schriftstellers einen erfundenen Erzähler und einen späteren Herausgeber setzten, die, wie der Zufall es fügt, dialogisch arbeiten. Und es ähnelt den – in einem klassischen Essay von Leslie Stephen treffend beschriebenen – Strategien früher Romanschriftsteller wie Defoe, Unstimmigkeiten in ihren Erzählungen zu vertuschen, indem sie einen komplizierten Nachweis jener Autoritäten führen, auf denen sie beruhen – oftmals ein Nachweis, der in Wahrheit keineswegs eine seriöse Bestätigung ist.[29] Aber auch hierfür finden sich reichlich Präzedenzfälle. Ktesias, der über seine Recherchen in den Archiven von Susa tönte, hätte zwei Jahrtausende später in Chatterton einen Bruder erkannt.

So alt wie die Notwendigkeit, die Herkunft einer Fälschung zu erklären, ist die Notwendigkeit, sie in die bereits bestehende Hierarchie anderer Quellen – ob echte, gefälschte oder ungesicherte – genau einzupassen, die die Leser vermutlich kennen. Der Fälscher steht vor einem Schachbrett voller Figuren: relevante, unter Umständen relevante, kaum relevante und tatsächlich irrelevante Fakten; Texte, die bestätigen und Texte, die widerlegen. Wie soll er seine neuen Figuren bewegen, um nicht ein rasches Schachmatt zu riskieren? Hier gibt es seit jeher zwei mögliche Strategien. Der Fälscher kann behaupten, er fege alle Steine vom Brett – die eigenen ausgenommen. Oder er kann versuchen zu rochieren und echte Figuren zwischen seine wackligen Imitationen und deren Entlarvung schieben. Oftmals führt er – auch wenn dies widersprüchlich scheinen mag – beide Strategien zugleich durch.

Nanni zum Beispiel ist das brillante Beispiel eines Fälschers, der zum Frontalangriff übergeht. Er wußte sehr gut, daß seine neuen Texte nicht mit den griechischen übereinstimmten, daß seine Darstellung der antiken Geschichte, die alle kreativen Neuerungen den Ägyptern, Juden und frühen Italienern zuschrieb und die Stammesfürsten mittelalterlicher Mythen mit den Patriarchen der biblischen Geschichten vermengte, nicht wahr sein konnte, wenn Herodot und Thukydides wahr waren. Statt aber diese Widersprüche zu leugnen, bekräftigte er sie kühn und andauernd. In einem rhetorischen Spektrum von schlichter Beleidigung bis zu komplizierter Beweisführung nannte er die Griechen »schmutzig, übelriechend und ziegengleich« und führte ihre Unstimmigkeiten als Beweis dafür an, daß sie geborene Lügner seien: »Die Griechen bekämpfen sich und sind nicht einer Meinung, was nicht erstaunt, und mit ihrem Bürgerkrieg haben sie die Geschichte wie die Philosophie völlig zerstört.« Nur seine eigene Schrift – die bewies, daß »Iberer, Samotheaner und Tuysconer, mehr als tausend Jahre vor den Griechen, eindeutig die Väter von Wissenschaft und Philosophie waren« – verdiente als Werk eines priesterlichen Verfassers Glauben, da dieser archivarischen Quellen folgte.

Dies ist offenbar die schlichtest mögliche Beweisführung: die glatte Lüge. Doch Nanni bediente sich gewandt einer zweiten Strategie, die ungewöhnlicher und hinterhältiger war. Wo immer möglich, zitierte er die Autorität und die Fakten eben jener Griechen, die er verunglimpfte, um damit die gelegentlichen fadenscheinigen Stellen im grellen Gewebe seiner Phantastereien abzufüttern. Denunzierte er »den verlogenen Ephoros und den Träumer Diogenes Laertios« wegen ihrer Annahme, die griechische Philosophie habe sich eigenständig entwickelt, dann zitierte er als richtige Meinung Aristoteles »in seinem *Magicus*« – ein Grieche gegen einen anderen (in Wirklichkeit hatte er Aristoteles *Magicus* durch das Werk eben jenes Diogenes kennengelernt, den er zu diskreditieren suchte).[30] Als er den farbenprächtigen Isis und Osiris-Mythos in den stumpfen Bildteppich der Frühgeschichte einwebte, bediente er sich ausgiebig bei der griechischen Weltgeschichte des Diodorus Siculus, die kurz zuvor von dem Humanisten Poggio Bracciolini ins Lateinische übersetzt worden war. Und seine Behauptung, sein angeblicher römischer Geschichtsschreiber Sempronius habe seine Chronologie des Troianischen Krieges auf die *Eratosthenis invicta regula* – die »unbesiegte Regel des Eratosthenes« – gegründet, so war das nicht, wie mindestens ein renommierter Forscher unserer Zeit meinte, eine dreiste Erfindung.[31] Er zitierte vielmehr wörtlich eine andere griechische Schrift, ebenfalls in humanistischer Übersetzung und zwar der von L. Biragus: hier die *Römische Archäologie* des Dionysios von Halikarnassos, der behauptete, seine eigene Chronologie beruhe auf den *canones* (»Tafeln«, von Biragus falsch mit *regulae* übersetzt) des hellenistischen Gelehrten und Wissenschaftlers Eratosthenes.[32]

Diese Strategien sind im Prinzip natürlich etwas widersprüchlich. Liest man aber im Original, wie Nanni die gleichen Autoren verwirft und heranzieht, so verstärkt sich dies paradoxerweise gegenseitig. Die ständige Behauptung von Autorität und die Beschuldigungen von Verlogenheit verleihen Nannis Text eine Aura moralischer wie faktischer Überlegenheit. Das Auftauchen von Ereignissen und Gedanken, einige durchaus subtil, die auch in jüngst wiederentdeckten griechischen Werken vorkamen, beruhigte einige Leser, denen eine völlige Weigerung, dieses neue Material zu berücksichtigen, Anlaß zur Sorge gewesen wäre. Nannis intellektueller Kuchen blieb unangetastet, ganz gleich, wie gierig er davon aß. Und auch hierin war Nanni nicht die Ausnahme, sondern nur Beispiel einer allgemeinen Regel. Fast alle uns bekannten Fälscher, die im großen Stil arbeiteten, von Ktesias in der Antike bis hin zu solchen grobschlächtigen und unfähigen modernen Epigonen wie Kujau, fügten in ihren Schöpfungen so viele belegte Fakten wie möglich ein, um der puren Phantasie Gewicht und Struktur zu verleihen. Selbst der ambitionierteste Fälscher, den man sich vorstellen kann, einer nämlich, der die geistige Landkarte seiner Zeitgenossen für einen kompletten Teilbereich der Vergangenheit neu zu entwerfen sucht, muß offenbar auch dann noch viele vertraute Marksteine aufstellen und beschreiben, wenn er behauptet, dies nicht zu tun. Und die meisten literarischen Fälschungen sind – ebenso wie künstlerische Fälschungen – keine völligen Neuschöpfungen, sondern freie Nachahmungen, ähnliche Pasticci oder ein Rokokorahmen, der echte Fragmente neu zur Geltung bringt. Nichts anderes wäre sinnvoll oder könnte überzeugen.[33]

Solch strukturelle Strategien sind zur Herstellung einer erfolgreichen Fälschung notwendig, aber nicht hinreichend. Es fehlt eine weitere, ebenso schwer bestimmbare wie wichtige Leistung: es muß ein generelles Gefühl von Wahrscheinlichkeit und Bedeutung entstehen. Im Gegensatz zu den anderen Bereichen, die wir bislang betrachtet haben, waren hier die Strategien der Fälscher so breitgefächert wie die Umstände, unter denen sie arbeiteten und das Publikum, das sie zu beeindrucken hofften. Dennoch gibt es einige langlebige Lieblingstechniken. Scheinbar zufällige sprachliche Details, gleichsam unabsichtlich in einen längeren Abschnitt eingestreut, sollen das größere Ganze überzeugend alt wirken lassen. So verwirft der Verfasser von Buch XVI des *Corpus Hermeticum* nicht nur eine griechische Übersetzung seiner Schrift als zwangsläufig unzulänglich, er macht auch deutlich, daß er ein alter Ägypter ist, der Geschehnisse der fernen Zukunft vorhersagt. Und dies tut er mit nichts als dem schlichten Kniff, ein Adverb einzufügen: wenn die Griechen meine Worte *husteron* – »später einmal« – übersetzen, sagt er, werden ihre Bemühungen vergebens sein. Diese elegane Formulierung amüsierte Isaac Causabon, den bedeutenden Demaskierer des *Corpus*, sehr. »*Husteron*«, notierte er daneben an den Rand, »oh je, hier schrieb wahrlich ein Freund des Dramatischen.«[34]

Weder diese Geste noch ihr schließlicher Verlust an Überzeugungskraft waren einzigartig. Der Kreter Diktys versuchte auf ähnliche und für den modernen Leser noch dreistere Art, zu beweisen, daß er ein uralter Verfasser sei. Am Ende von Buch V erläutert er sehr langatmig, er habe in punischer d. h. phönizischer Schrift geschrieben, die von Kadmos und Danaos eingeführt worden war, und in dem für Kreter typischen Mischdialekt. Jacob Perizonius, ein bedeutender Gelehrter des siebzehnten Jahrhunderts, konnte ohne jede Mühe darauf verweisen, daß in Wirklichkeit kein Autor es erwähnen würde, daß er die Schrift und Sprache benutzt, die für seine Zeit und an seinem Ort normal sind: »Warum hätte er seinen Zeitgenossen – an die Verfasser beim Schreiben vor allem denken – erzählen müssen, daß er die einzige damals bekannte Schrift benutzt? Schiene es heute nicht lächerlich, wenn ein Schriftsteller seinen Lesern erklärte, er veröffentliche sein Buch, indem er es in Druck gebe und dafür jene Methode benutzen wolle, die 250 Jahre zuvor erfunden wurde? Ich glaube, nun ist völlig klar, daß diese Hinweise nicht an die Adresse der Menschen zur Zeit Trojas gerichtet waren, sondern an die, die zu Neros Zeiten lebten, Jahrhunderte später.«[35]

Wenn das subtil andeutende Detail das wichtigste innere, d. h. textimmanente Mittel ist, um den Imitaten Achtung zu verschaffen, sind Publicity-Geschrei und beträchtlicher Redeschwall das wichtigste äußere. Erstaunlich wenige Fälscher versuchen, ihre Waren vorsichtig an den Hütern des Kanons vorbeizuschmuggeln. Im Gegenteil, sie bemühten sich häufig um so viel Aufhebens wie möglich. Als Nanni die griechische Geschichtsschreibung vom Sockel stürzen wollte, faßte er all seine Schriften und Kommentare zu einem einzigen dicken Band zusammen, der prächtig gedruckt und mit einer nostalgischen Illustration des wahren Aussehens des alten Roms verziert war. Und als der Eremit von Peking beschloß, die moderne Geschichte Chinas umzuschreiben, tat er dies, indem er Übersetzungen seiner Imitate in Werke einschob, die für ein sehr breites Publikum geschrieben waren – und indem er der Bodleiana hunderte von angeblich wertvollen Schriftrollen stiftete.

Getöse, Scheinwerferlicht, Publicity – begleitet von jenen Referenzen, die wir aus Erfahrung von Büchern erwarten, die vom Himmel fallen und aus dem Nichts auftauchen – scheinen die dissonanten Fanfaren zu sein, die normalerweise die Geburt eines grandiosen Imitats begleiten. Und wie diese Fälle schon andeuten, ist beim Verbrechen des Fälschens ein Aspekt über die Zeit erstaunlich konstant geblieben: Gelegenheit. Man sollte meinen, durch die Existenz von Bibliotheken, Nachschlagewerken und Katalogen sowie die wachsende Anzahl der Literatur- und Bibliothekswissenschaftler, die sie erstellen, seien die Chancen auf Null gesunken, mit einer größeren Fälschung durchzukommen. In Wahrheit aber haben diese Veränderungen des Umfeldes nur die Erfolgschancen ungeschickter Fälscher vermindert, die ihre Arbeiten nicht an sensibleren Detektoren vorbeischmuggeln können. Der phantasievolle Fälscher wird von Bedingungen, die ihn, wie man meinen sollte, arbeitslos machen sollten, nur zu neuen Höhen des Tatendrangs inspiriert.

Wenn man die abendländische Geschichte des Fälschens erforscht, kann man sich durchaus fragen, ob es im menschlichen Geist ein tiefsitzendes Bedürfnis gibt, so pompös und so gründlich wie möglich hintergangen zu werden. *Muntus fuld tezibi* – »Die Welt will genarrt werden« – lautet schließlich das Motto auf dem Titelblatt von J. B. Menckes Predigten *Von der Charlataneria oder Marcktschreyerey der Gelehrten*, eine der großartigsten Darstellungen der Neigung von Wissenschaftlern, sich narren zu lassen. Solche Hypothesen sind zu großspurig für Historiker. Aber eine winzige Regel läßt sich feststellen. Wenn es überhaupt ein Gesetz gibt, das für alle Fälschungen gilt, dann ist es das, daß jeder Fälscher, wie geschickt auch immer, der Vergangenheit, die er real und lebendig zu machen hofft, die Struktur und Textur des Lebens seiner eigenen Epoche, deren Denkweise und deren Sprache aufprägt. Aber es sind eben diese von ihm eingeflochtenen Details, die – wie sehr sie auch das unmittelbare Publikum beeindruckt haben mögen – seine Gaunerei geradezu in Fettdruck sichtbar werden läßt, wenn spätere Leser sie erkennen und bemerken, daß der Fälschung die Zeit des Fälschers übergestülpt wurde. Nichts veraltet so rasch wie die Sicht einer Epoche auf eine vorhergehende.

Wir alle kennen dieses Phänomen in anderem künstlerischen Zusammenhang. Hören wir in einem historischen Film aus den vierziger Jahren eine Mutter rufen: »Ludwig! Ludwig van Beethoven! Jetzt komm herein und übe Klavier!« schreckt uns etwas aus unserer Spannung hoch, was sie an sich verstärken sollte, und wir finden uns unvermittelt in der bürgerlichen Welt der amerikanischen Filmemacher wieder. Fälschungen illustrieren das gleiche Prinzip sehr schön und immer wieder. Treffende Beispiele hierfür sind die Passagen aus Hermes und Diktys, die Casaubon und Perizonius ärgerten.

Ein noch besseres Beispiel ist jene angeblich antike Vase, die zu Beginn des neunzehnten Jahrhunderts von Gelehrten in Umlauf gebracht und für etruskisch gehalten wurde. Dem ursprünglichen Publikum erschien sie als subtile klassische Allegorie eines unvergleichlich klassischen Themas, der Vergänglichkeit des Ruhms. *Fama* läuft fort, es folgt der eifrige Jüngling, seine Schriftrolle umklammernd; sie dreht ihm eine Nase und macht sich über ihn lustig: »Nichts da, mein Hübscher«. Was damals antik aussah, sieht heute ganz genau aus wie neunzehntes Jahrhundert. *Famas* Geste entlarvt sie als eine erst kürzlich entstandene Ruhmesgöttin; die Koteletten des jungen Mannes verraten noch deutlicher, daß er ein deutscher Gelehrter des neunzehnten Jahrhunderts und keine antike Gestalt ist (die Schriftrolle wird, so ein scharfsinniger Vorschlag, seine Dissertation sein).[36] Ähnlich naive zeitabhängige Merkmale kennzeichnen jede Fälschung, angefangen bei Chatterton – der versuchte, Bristoler Bürger im fünfzehnten Jahrhundert Traktate zur Altertumsforschung in der Art der Ausgaben des achtzehnten Jahrhunderts der Werke des Gelehrten William Camdem aus dem sechzehnten Jahrhundert verfassen zu lassen – bis hin zu Nanni – der versuchte, antike Schriftsteller Ahnentafeln zusammenstellen zu lassen, die den Nachweisen von Blutsverwandtschaft glichen, die mittelalterliche Rechtsanwälte benutzten.

Kurz gesagt: der Fälscher geht mit seinem Leser um wie der Flugsimulator mit dem Piloten; er bietet von dem spezifischen Text und der spezifischen Situation, die er darstellen möchte, ein lebhaftes Bild, die angrenzenden Bereiche aber sind unscharf und offensichtlich unrealistisch. Wie der Pilot in der Ausbildung, so ist auch der jeweilige Leser von dem bewußt projizierten, minutiös aufgefächerten Bild in der Mitte seines Blickfeldes gefangen genommen, die Täuschung funktioniert. Doch sobald er einen Schritt zurücktritt und es anzweifelt, werden die unscharfen Bereiche und die falsche Perspektive auf dramatische Weise und verblüffend schnell deutlich. Simulation ist eben doch nicht die Realität – selbst wenn es emotional und physisch durchaus verzerrend wirken kann, solange das Opfer die passenden Scheuklappen trägt.

1. N. Cohn, *Warrant for Genocide*, 3. Aufl., Chico, California 1981.

2. M. Guarducci, »La cosidetta fibula Praenestina«, *Memorie dell'Accademia dei Lincei*, Ser. 8, 24, 1980, S. 413–574 – eine klassische Studie. In den Jahren, bevor Literarkritik eine akademische Disziplin wurde, wirkt das seriöse Fälschen auf weniger ehrgeizigem Niveau als Helbigs – so das brillant gefälschte Stück von Thomas Browne über Mumien, voll Brunionianischer Wörter wie »semisomnous«, die dazu beitrugen, dem jungen James Crossley in der Buchwissenschaft zu Ansehen zu verhelfen – fast wie eine rationale Karriere-Entscheidung. Siehe *Sir Thomas Browne's Works*, hg. von S. Wilkin, London 1835, IV, S. 273–276, und S. Crompton, »The Late Mr. James Crossley«, in *The Palatine Note-Book*, 3, 1883, S. 228. Sir Geoffrey Keynes bemerkte, Crossleys Fragment sei »eine literarische Fälschung, auf die man, beurteilt man sie ausschließlich nach ihrem eigenen Wert, nur ungern verzichten möchte«. *A Bibliography of Sir Thomas Browne*, Cambridge 1924, S. 235 f.

3. Sowohl James Macphersons Privatleben als auch seine vielen liebevoll ausgemalten Szenen leidender und sterbender Frauen deuten auf stark sadistische Züge in seinem Charakter hin. Siehe H. R. Trevor-Roper, »Wrong but Romantic«, in *Spectator*, 16. März 1985, S. 14 f., und F. J. Stafford, *The Sublime Savage*, Edinburgh 1988.

4. W. Speyer, *Die literarische Fälschung im heidnischen und christlichen Altertum*, München 1971, S. 210–212.

5. Es war die Liebe zu Bologna – und sein Engagement für den Feminismus – die Alessandro Machiavelli, einen Altertumsforscher des achtzehnten Jahrhunderts, veranlaßten, die Legende von Alessandra Giliani zu erfinden – oder zumindest auszuschmücken: Sie war die Assistentin des großen Anatomen Mondino de' Luzzi und verstarb 1326 tragisch im zarten Alter von 19 Jahren, nachdem sie gezeigt hatte, daß sie Blutgefäße für anatomische Vorführungen perfekt präparieren und erstaunlich lebensecht malen konnte. Er sorgte auch für einen eloquenten lateinischen Epitaphen, der diese erfundene Geschichte ihrer Tugenden und Leistungen bestätigte. Vgl. A. Machiavelli, *Effemeridi sacro-civili perpetue*, Bologna 1736, und G. Fantuzzi, *Notizie degli scrittori Bolognesi*, V. Bologna 1786, S. 95–101. Ich danke N. Siraisi für den Hinweis auf diese interessante Geschichte.

6. Ich folge der revisionistischen Darstellung von G. Ganzel *Fortune and Men's Eyes*, Oxford 1982, vgl. aber J. W. Velz in *Shakespeare Quarterly*, 36, 1985, S. 106–115. Ein anderer Fall – unendlich viel böswilliger – ist der, den Cohen in *Warrent for Genocid* so gut beschreibt.

7. Ein besonders gutes Beispiel hierfür beschreibt J. S. Weiner, *The Piltdown Forgery*, Oxford 1955, Neuaufl. New York 1980.

8. E. Tigerstedt, »Ioannes Annius and *Graecia Mendax*«, in *Classical Mediaeval and Renaissance Studies in Honor of Berthold Louis Ullman*, hg. von C. Henderson, Jr., Rom 1964, II, S. 293–310.

9. G. Fowden, *The Egyptian Hermes*, Cambridge 1986.

10. H. R. Trevor-Roper, *Hermit of Peking*, London 1976. Zahlreiche andere Schurken zieren unsere schwarze Liste von Fälschern. Buell bereicherte seinen Lebenslauf um einen College-Abschluß, den er nicht abgelegt und um einen Militärdienst im Bürgerkrieg, den er nicht abgeleistet hatte; die berufliche Laufbahn der Gelehrten Hamon und Ceccarelli endete auf dem Schafott.

11. Vgl. dazu die meisterhafte Untersuchung von I. Sevchenko, »The Date and Author of the So-Called Fragments of Toparcha Gothicus«, in *Dumbarton Oaks Papers*, 25, 1971, S. 115–188.

12. *Opus Epistolarum Des. Erasmi Roterodami*, hg. von P. S. Allen u. a., Oxford 1906–1958, VIII, S. 40.

13. Vgl. H. J. de Jonge, »Erasmus and the *Comma Johanneum*«, in *Ephemerides theologicae lovanienses*, 56, 1980, S. 381–389; J. Bentley, *Humanists and Holy Writ*, Princeton 1983; E. F. Rice, Jr., *Saint Jerome in the Renaissance*, Baltimore 1985, Kap. 5.

14. Erasmus, »Declarationes ad censuras Facultatis theologiae Parisiensis«, *Opera omnia*, hg. von J. Leclerc, Leiden 1703–1706, IX, col. 917.

15. Vgl. S. Seidel Menchi, »Un'opera misconosciuta di Erasmo? Il trattato pseudo-ciprianico ›*De duplici martyrio*‹«, in *Rivista storica italiana*, 90, 1978, S. 709–743; die ältere Abhandlung von F. Lezius, »Der Verfasser des pseudocyprianischen Tractates de duplici martyrio. Ein Beitrag zur Charakteristik des Erasmus«, in *Neue Jahrbücher für Deutsche Theologie*, 4, 1895, S. 95–100, 184–243, ist noch immer sehr wertvoll.

16. Vgl. Erasmus' Vorkehrung einer Rückübersetzung aus der Vulgata des griechischen Textes der letzten sechs Verse der Apokalypse – auch das in gewisser Weise ein Erfinden von Daten, die nicht in seinen Handschriften waren. Siehe B. M. Metzger, *The Text of the New Testament*, 2. Aufl., Oxford 1968, S. 99 f.

17. E. T. Sage, *The Pseudo-Ciceronian Consolatio*, Chicago 1910; W. McCuaig, *Carlo Sigonio*, Princeton 1989.

18. Rice, *Jerome in the Renaissance*; M. Baxandall, *The Limewood Sculptors of Renaissance Germany*, New Haven und London 1980, S. 59 f.

19. Vgl. die schöne Studie von D. S. Taylor, *Thomas Chatterton's Art*, Princeton 1978.

20. Th. Chatterton, »The Acconte of W. Canynges Feast«, in *Complete Works*, hg. von D. S. Taylor u. a., Oxford 1971, I, S. 294.

21. Vgl. I. Haywood, *The Making of History*, Rutherford, Madison und Teaneck 1986.

22. G. Nanni, *Commentaria*. (Ich habe die Texte der Erstausgabe, Rom 1498, benutzt, zitiere aber die Seitennummern der besser geordneten Ausgabe Antwerpen 1552, Reprint), S. 36. Zu Nannis Methode als literarischer Fälscher, vgl. die schöne Untersuchung von E. Fumagalli, »Un falso tardo-quattrocentesco: Lo pseudo-Catone di Annio da Viterbo«, in *Vestigia. Studi in onore di Guiseppe Billanovich*, hg. von R. Avesani u. a., Rom 1984, I, S. 337–360.

23. R. Weiss, »An Unknown Epigraphic Tract by Annius of Viterbo«, in *Italian Studies Presented to E. R. Vincent*, Cambridge 1962, S. 101–120.

24. Herodot 5.59.

25. J. R. Bartlett, *Jews in the Hellenistic World: Josephus, Aristeas, The Sibylline Oracles, Eupolemus*, Cambridge 1985.

26. Yü Ho (470 n. Chr.), zitiert von W. Fong, »The Problem of Forgeries in Chinese Painting«, in *Artibus Asiae*, 25, 1962, S. 95–119.

27. J. Mair, *The Fourth Forger*, London 1938.

28. Chatterton, *Works*, hg. von Taylor, S. 845, vgl. S. 854.

29. L. Stephen, *Hours in a Library*, London 1917, I, S. 1–43; G. Kitson Clark, *The Critical Historian*, New York 1967, S. 67–69.

30. Nanni, *Commentaria*, S. 463, 15; Diogenes Laertios 1.1.

31. O. A. Danielsson, »Annius von Viterbo über die Gründungsgeschichte Roms«, *Corolla Archaeologica*, Lund 1932, S. 1–16; dieser Aufsatz ist noch immer überaus lesenswert.

32. Dionysios von Halikarnassos, *Antiquitates Romanae*, über. v. L. Biragus, Treviso 1480, 1.63: »Quoniam autem incorruptae extant regulae: quibus usus est Eratosthenes...«

33. Zu einer Typologie vgl. Fong, »The Problems of Forgeries«, mit vielen faszinierenden Parallelen und Gegensätzen zur abendländischen Tradition der literarischen Fälschung; vgl. auch H. Tietze, »Zur Psychologie und Ästhetik der Kunstfälschung«, in: *Zeitschrift für Ästhetik und Allgemeine Kunstwissenschaft* 27, 1933, S. 209–240.

34. I. Causabon, Randnotiz in seinem Exemplar des Corpus Hermeticum, Paris 1554. British Library 491.d.14, S. 90.

35. J. Perizonius, »Dissertatio de Historia Belli Troiani quae Dictyos Cretensis nomen praefert«, Kap. 27; *Dictys Cretensis et Dares Phrygius de bello Troiano*, London 1825, S. 45. Eine andere Methode, die zu ähnlichem Ergebnis kommt, beschreibt Robert Batts interessanter Brief aus dem Jahr 1583 über das Ciceronische *Consolatio*, wonach es zu viele echte Cicero-Zitate enthält, um echt sein zu können, veröffentlicht in *Gabriel Harvey's Marginalia*, hg. von G. C. Moore Smith, Stratford-upon-Avon 1913, S. 43.

36. G. Bagnani, »On Fakes and Forgeries«, in *Phoenix*, 14, 1960.

Kritiker:
Tradition und Innovation

Die deutschen Gelehrten des späten achtzehnten und frühen neunzehnten Jahrhunderts waren Meister darin, hochkomplizierte Hypothesen aufzustellen und hinzunehmen, von denen einige, wie eine auf der Spitze stehende, genau ausbalancierte Pyramide, auf nur einem Beweis beruhten. Viele fanden es ganz einfach, sogar auf nüchternen Magen drei oder auch mehr völlig unmögliche Dinge zu glauben. Bemerkenswerterweise waren sie jedoch im Zweifeln noch besser als im Glauben. Sie zweifelten an der Einheitlichkeit und Makellosigkeit von Werken, die zuvor als Vorbilder der neoklassischen Ästhetik gegolten hatten – wie Homers *Ilias* und *Odyssee*, die Friedrich August Wolf und viele seiner Nachfolger mit gelegentlich übergroßem Eifer in ihre Einzelteile zerlegten. Sie zweifelten an der Richtigkeit und Historizität der ausführlichen Darstellungen, aus denen zuvor die meisten Gebildeten ihr Grundwissen in antiker Geschichte erhalten hatten – wie die *Geschichte Roms* von Livius, jenes hochkomplizierte Gebäude, das Barthold Georg Niebuhr dem Erdboden gleichmachte, als er die ursprüngliche mündliche Überlieferung über Roms Anfangsjahre ausgraben wollte. Und sie zweifelten an der Authentizität sehr vieler klassischer Schriften, von manchen Cicero-Reden und Briefen bis zu einigen Homer-Gedichten. Ja, sie machten ihre Bereitschaft und Fähigkeit zum Zweifeln zum Grundprinzip wissenschaftlicher Methode. Sie sagten, die seriöse Erforschung eines jeden Verfassers und eines jeden Gegenstandes müsse mit der kritischen Bewertung und Überprüfung des verfügbaren Quellenmaterials beginnen; dieser Überblick müsse, auf unparteiische und systematische Weise, die Verfasserschaft eines jeden relevanten Schriftwerks bestimmen. Und keine weitere Ausgrabung oder Neukonstruktion sei vorzunehmen, bevor nicht der Boden auf diese Weise dafür bereitet wäre.[1]

Seit Wolf und seine Schüler diese Grundsätze in ihren Monographien und Vorlesungen explizit formuliert haben, scheint die höhere Kritik – jene Kritik, die Werke auf ihre Echtheit untersucht – eine moderne deutsche Spezialität, ja eine deutsche Erfindung zu sein. Sicher ist, daß deutsche Gelehrte mehr taten als alle anderen, um klassische, mittelalterliche und neuzeitliche Ahnen ihrer Variante der höheren Kritik aufzuspüren –

indem sie beispielsweise die verbliebenen Zeugnisse der alexandrinischen Literarwissenschaft sammelten. Die bedeutendste historische Studie zu Fälschungen, die es gibt, Wolfgang Speyers großartiges Buch *Die literarische Fälschung im heidnischen und christlichen Altertum*, ordnet Material aus praktisch allen Primär- und Sekundärquellen der antiken Kritik zu einer luziden, verständlich geschriebenen und gnädig knappen Darstellung. Speyer belegt ein ums andere Mal den eindringlichen Scharfblick und die minutiöse Detailtreue, mit denen sich alexandrinische und christliche Gelehrte den Aufgaben der höheren Kritik widmeten. Gleichwohl sind Speyer und seine Vorgänger der Auffassung, daß die Echtheitskritik, wie sie heute ausgeübt wird, grundlegend anders sei als die, die vor 1800 praktiziert wurde. Die Echtheitskritik, so führen sie an, sei in moderner Zeit zu einer objektiven Überprüfung aller Quellen geworden; in der Antike war sie die subjektive Überprüfung jener Quellen, die man zu kritisieren wünschte. Das eine gehört zur Philologie, das andere zur Rhetorik; die Haltung des einen ist unparteiisch und umfassend, die des anderen subjektiv und launisch. Diese Unterscheidung ist, wie wir sehen werden, von allergrößter Bedeutung; sie muß jedoch modifiziert und ergänzt werden, um den höchsten Erkenntnisgewinn zu bringen.[2]

Tastet man sich durch den dunklen Wald neuzeitlicher Gelehrsamkeit auf jenen Wegen zurück, die durch die großen Nachschlagewerke des achtzehnten Jahrhunderts abgesteckt sind – Bayles *Dictionnaire historique et critique*, Bruckers *Historia critica philosophiae*, und Fabricius' *Bibliotheca Graeca* – dann entdeckt man, daß viele der scheinbar innovativen und differenzierten Debatten, die im neunzehnten Jahrhundert über das Wesen und die Autorenschaft gefälschter und pseudepigraphischer Texte geführt wurden, im Grunde Neuauflagen von Schriften sind, die schon im Museum von Alexandrien oder im siebzehnten Jahrhundert an der Universität Leiden entstanden waren. Gelehrte des neunzehnten Jahrhunderts untersuchten die pseudoaristotelische Abhandlung *De mundo*, ein Alexander dem Großen gewidmetes Werk, und die Reagenzien, mit denen sie dessen Inhalt behandelten, verursachten eine Vielzahl von Flecken: Sie fanden sowohl neuplatonische als auch pythagoreische und aristotelische Gedanken. Die Tests, mit denen sie die Form prüften, ergaben, daß Sprache und Grundhaltung nicht aristotelisch sind. Die *Philologen* dachten sich viele pfiffige Theorien aus, um zu erklären, wie diese Schrift in die Sammlung aristotelischer Werke gelangen konnte – sie könnte von einem anderen Schriftsteller gleichen Namens stammen, sie könnte einem anderen Mäzen namens Alexander gewidmet sein. Was sie selten explizit sagten – und was viele vermutlich gar nicht wußten – war, daß ein Gutteil ihrer analytischen Methoden wie auch ihre wichtigsten Schlußfolgerungen bereits zwei Jahrhunderte zuvor antizipiert worden waren, und zwar von Josef Scaligers Lieblingsschüler Daniel Heinsius, dessen Dissertation über *De mundo* ein Meisterstück ausgewogener philologischer Beweisführung ist.[3] Vielen anderen klassischen Texten – von Boethius' *Consolatio philosophiae* bis zum *Corpus Hermeticum* – war ein ähnlich holpriges Nachleben beschieden, da ihre Reputation in zyklischer Sinuskurve stieg und fiel, während die Methoden der Gelehrten zwar gleich blieben, ihre Annahmen sich jedoch wandelten – und damit auch, wie sich ihre kritische Beschäftigung auf bestimmte Passagen auswirkte. Wenn wir die Geschichte einzelner Texte verfolgen, dann erkennen wir um 1800 keinen radikalen Bruch, sondern eine kontinuierliche, gemäßigte Bewegung, die oftmals Pfaden folgt, die lange zuvor geebnet worden waren.

Die Generation der großen Deutschen der letzten Dekade des achtzehnten Jahrhunderts war bescheidener als ihre Historiker und Biographen in späterer Zeit. Ihrer Meinung nach übten sie keine neue, sondern eine traditionelle Kunst aus – allerdings, wie sie meinten, auf einem neuen hohen Niveau. Sie hoben ständig hervor, daß sie in der Schuld der Echtheitskritiker stehen, die ihnen vorangegangen waren. Sie betonten vor allem die Bedeutung der Gelehrten des späten siebzehnten Jahrhunderts, die den kritischen Geist der Aufklärung verkörperten und über so ziemlich alles eine *Realgeschichte* geschrieben hatten. Jean Leclerc hatte in seiner *Ars critica die* systematische Aussage über die Leitlinien der höheren Kritik entwickelt – und mit Dutzenden von ausgearbeiteten Beispielen erläutert. Richard Simon hatte über die vielen Nahtstellen gesprochen, die die großen Fälschungen der Antike – das Alte und das Neue Testament – verraten. Auf das Studium antiker Münzen gestützt, hatte Jean Hardouin behauptet, im Grunde sei kein einziger Text außer Plinius' *Naturalis historia* und Horaz' *Episteln* authentisch (»Virgil«, schrieb er, »dachte niemals auch nur eine Sekunde daran, *Aeneid* zu schreiben.«) – und gab damit nicht nur ein monumentales Beispiel wissenschaftlicher Verschrobenheit, sondern auch einen eindringlichen Anstoß zur kritischen Prüfung aller Quellen, der anscheinend echten wie der offensichtlich fragwürdigen. Richard Bentley schießlich bewies in seiner *Dissertation on the Epistles of Phalaris* mit enzyklopädischem Wissen und eindringlichen, klaren Argumenten die Inauthentizität von mehr als nur einem vermeintlichen Klassiker – alle Altertumsforscher des neunzehnten Jahrhunderts priesen diese Abhandlung als den herausragenden Klassiker der höheren Kritik, ob antik oder modern.[4]

Doch selbst wenn die großen Kritiker der Zeit um 1700 als ewig gültige Vorbilder hochgehalten wurden, so galten selbst sie nicht als radikale Neuerer. Bentley, so sagte Wolf seinen Studenten, »wandte auf meisterliche Weise alle Künste zugleich an, die frühere Gelehrte bei ähnlichen Fragen getrennt angewandt hatten«. Dies entsprach Bentleys eigener Einschätzung. In *Epistola ad Millium*, seiner ersten bedeutenden philologischen Abhandlung von 1691, betont er, die vorgeblich klassischen Verse, die antike jüdische Schriftsteller zitiert hatten und die den Götzendienst anprangerten und Monotheismus predigten, könnten keine echten Sophokles-Werke sein. Mit gleichem Eifer veralberte er sowohl die Verse, die die Griechen dem legendären Dichter Orpheus zugeschrieben hatten, wie die modernen Gelehrten, die diese auslegten und dazu die »törichten Spielereien der Kabbalisten« benutzten. Und er amüsierte sich gnadenlos über die »Männer von erlesenem Urteilsvermögen, die die gemeinhin der Sibylle zugeschriebenen Orakel als wahre Ergüsse jener prophetisch begabten alten Dame, Noahs Tochter, verehren«.[5] All diese Argumente wiederholten – wie Bentley wußte – die Argumente der von ihm bewunderten protestantischen Gelehrten, die sie hundert Jahre früher vorgebracht hatten, als Isaac Casaubon die Behauptung widerlegte, die hermetischen Schriften seien antik, und Josef Scaliger die Christen, »die das Wort Gottes für so schwach hielten, daß sie fürchteten, das Königreich Gottes könne nicht ohne Lügen befördert werden«, ebenso bloßstellte wie die Heiden, die Lücken im Leben ihrer großen Männer – wie Sophokles – mit gefälschten Briefen und Dokumenten füllten.[6]

Mit anderen Worten, die Generation des späten siebzehnten Jahrhunderts ist unvorstellbar ohne die des ausgehenden sechzehnten Jahrhunderts; und deren Angehörige wiederum suchten ihre Vorbilder in einer noch weiter zurückliegenden Vergangenheit. Für Scaliger war – und hierin folgte er dem antiken Philosophen Sextus Empiricus – das Erkennen unechter Passagen und Werke die vorrangige und eigentliche Aufgabe des Kritikers: »Dies«, so schrieb er enthusiastisch, »dringt in die geheimsten Heiligtümer der Weisheit.« Und in diesem überaus speziellen Wissenschaftsgebiet waren die Klassiker seine großen Vorbilder: »Nur die homerischen Verse wurden übernommen, die Aristarchos anerkannte; nur jene Komödien von Terenz, die Calliopios anerkannte«; »der Fürst [der lateinischen Kritiker] war Varro. Seine Kritik lehrte, daß von den vielen Plautus-Stücken nur 21 von ihm stammen; diese nannte man später die ›Varronischen‹.«[7] Kein Forscher des ausgehenden zwanzigsten Jahrhunderts würde die Meisterschaft des Kritikers über sein Material, des Wissenschaftlers über den Autor selbstbewußter vertreten als Scaliger es bei seinem Blick auf die uralte Tradition seiner Zunft tat. Casaubon recherchierte für ein systematisches Werk über die Echtheitskritik der Antike, das er vor seinem Tode nicht vollenden konnte; die alexandrinischen Homerforscher – und die jüdischen Massoreten – sah er als Vorbilder für seine eigene Arbeit. Wie wir sahen, zog Cardano antike Methoden der Kritik ebenso systematisch heran wie die medizinischen Lehren der Antike, die sein Spezialgebiet waren.

Es geht hier nicht darum, Wolfs oder Niebuhrs Anspruch auf Innovation zu bestreiten oder den konkurrierenden Anspruch ihrer Vorgänger zu beweisen; wenige Beschäftigungen sind derart trivial wie das Erstellen intellektueller Genealogien, die in keinen Kontext eingebettet und keinen größeren Problemkreis gefaßt sind. Vielmehr soll gezeigt werden, daß die meisten Gelehrten der frühen Neuzeit und viele der Neuzeit glaubten, daß ihre Arbeit als Kritiker in einer langen intellektuellen und wissenschaftlichen Tradition steht. Jede Beschäftigung mit der Geschichte der Kritik muß ihre Daten an dieser langen Achse der Kontinuität messen, oder der errechnete Innovationsgrad wird viel zu hoch sein, sobald sie sich mit der neueren Zeit befaßt. Um bei den Messungen von Kontinuität und Wandel in der Geschichte der Echtheitskritik derartige Verzerrungen zu vermeiden, wollen wir drei beispielhafte Kritiker – jeweils einen aus der Antike, der frühen Neuzeit und der Neuzeit – vergleichen und miteinander kontrastieren, die sich mit den gleichen Schriften und Schwierigkeiten befaßt haben.

Porphyrios Sohn des Malcos (drittes Jahrhundert) ist am besten wegen seiner methodischen Arbeit im Bereich der Philosophie in Erinnerung, und er war in mehreren Sparten dieser absorbierenden Tätigkeit wahrlich sehr bewandert. Porphyrios war Schüler des Athener Rhetorikers Longios sowie des bedeutendsten neuplatonischen Systematikers jener Zeit, Plotin, dessen Biographie er schrieb. Des weiteren brachte er Plotins Werk in die systematische Ordnung der *Enneaden* und schrieb eine *Isagoge* oder Einleitung zu Aristoteles' Logik, die in mehreren Sprachen und Kulturen mehr als ein Jahrtausend lang der Standardtext bleiben sollte. Er verfaßte auch eigene Abhandlungen zu grammatischen und philosophischen Themen. Seine *Homerischen Fragen* befaßten sich mit jenen technischen Dauerbrennern der Homer-Kritik, die seit dem dritten vorchristlichen Jahrhundert für Uneinigkeit unter Grammatikern gesorgt hatten; sein Essay über *Die Grotte der Nymphen* war eine klassische Übung in allegorischer Homer-Exegese, ein systematischer Nachweis, daß der früheste und scheinbar ungeschliffenste griechische Klassiker in Wahrheit eine verborgene und komplizierte Botschaft enthielt. Er schrieb auch ausführlich gegen Christen und für die überlieferten religiösen Lehren und Bräuche der Griechen. Um diesem breiten Spektrum fordernder Aufgaben gerecht werden zu können, führte Porphyrios ein wahres Philosophenleben in unermüdlicher geistiger Arbeit, gelegentlicher spiritueller Verzückung und Askese; er heiratete spät und dann aus Pflichtgefühl (er war schon siebzig Jahre alt, und seine Frau war eine Witwe mit sieben Kindern).[8]

Isaac Casaubons Leben (1559–1614) war Kampf und Erschöpfung statt Inspiration und Askese. Er heiratete früh, hatte viele Kinder und war der Prototyp des fruchtbaren Gelehrten, der mit der rechten Hand riesige, gelehrte Bücher schrieb, während er mit dem linken Fuß die Wiege seines jüngsten Kindes schaukelte. Er erlangte niemals den Gleichmut des Weisen: sein ungeheures Tagebuch berichtet von ständiger Sorge über ein kümmerliches Einkommen, unsichere Arbeitsstellen und die ewige Unmöglichkeit, so viel zu arbeiten, wie er wollte (ein typischer Eintrag beginnt mit: »Ich stand um fünf Uhr auf – ach, so spät! – und begab mich sofort in mein Arbeitszimmer«).[9] Dennoch produzierte er wissenschaftliche Werke von einem Umfang und in einer Menge, mit denen seine heidnischen Vorgänger mehr als Ehre eingelegt hätten. Wie Porphyrios interessierte auch er sich ebenso für Literatur wie für Philosophie; er besorgte die lateinische Übersetzung von Polybios' Geschichte über den Aufstieg Roms, die lange Zeit unangefochten blieb, und schrieb brillante, gelehrte Kommentare zu *Über Leben und Meinungen berühmter Philosophen* von Diogenes Laertios und *Deipnosophistai* von Athenaios. Er edierte auch die Werke von Aristoteles und Theophrastos.[10]

Richard Reitzenstein (1861–1931) ähnelte mehr Casaubon als Porphyrios. Er war ein liberaler Protestant, der als Student die Theologie zugunsten der Philosophie aufgab, und der, wie dieser, als Berufsgelehrter wie Familienvater gleichermaßen produktiv war. Er hatte bei Johannes Vahlen eine der technischsten Altertumsdisziplinen studiert, die Geschichte der antiken Grammatik- und Lexikographiestudien, und zeichnete sich als Zwanzigjähriger dadurch aus, daß er für technische Probleme der Übertragung und Interpretation solch auf den ersten Blick trockener Werke wie Festus' *De verborum significatu* kreative Lösungen fand. Als er später an den Universitäten Straßburg und Göttingen lehrte, näherte er sich mit seinem großartigen technischen Handwerkszeug der – heidnischen, zoroastrischen, jüdischen und christlichen – Religionsgeschichte der antiken Welt. Obwohl er im Ersten Weltkrieg zwei Söhne verlor und im Lauf der Zeit immer weniger an seine eigenen Theorien glaubte, blieb ihm ein dritter Sohn, und Kollegen wie Schüler verehrten ihn wegen seines umfassenden Wissens. Er gilt noch heute als einer der kühnsten Altertumsforscher der schöpferischsten Epoche der Altertumswissenschaft. Er verband das technische Instrumentarium, das nötig ist, um die magischen und religiösen Schriften Griechenlands zu redigieren und zu kommentieren, mit jenem breiten interdisziplinären Interesse, das das Warburg Institute auszeichnet, mit dem er eng verbunden war.[11]

Porphyrios interessierte sich ganz besonders für literarische Probleme, die Kritiker schon lange beschäftigten, einschließlich Fälschung und Plagiat. Ein Fragment seines Werkes beschreibt ein formales Bankett in Athen zu Ehren von Platos Geburtstag (am siebten Thargelion, wann immer das gewesen sein mag). Anwesend waren, neben anderen, der Sophist Nikagoras, der Grammatiker Apollonios, der Geometer Demetrios und der Stoiker Calietes. Es handelte sich, kurz gesagt, um eine Art universitärer Betriebsausflug und wie die meisten Anlässe dieser Art im zwanzigsten Jahrhundert verkam auch dieser bald zu gehobenem Klatsch über die Verbrechen früherer und zeitgenössischer Wissenschaftler. Ein gewisser Maximus beschuldigte den Geschichtsschreiber Ephoros, 3000 ganze Zeilen gestohlen zu haben; Apollonios antwortete, Theopompos, von Maximus geschätzt, habe den Redner Isokrates wortwörtlich plagiiert. Nikagoras mischte sich ein und enthüllte Theopompos' Xenophon-Plagiat. Daraufhin führte Apollonios die Liste der Verbrecher weiter, indem er wichtige Sekundärwerke nannte (wie Latinus *Über die Bücher des Menander, die nicht die seinen sind* und Philostratos *Über die Diebstähle des Dichters Sophokles*). Und so weiter.[12] Die Enthüllungen von Plagiaten und Fälschungen gehören ganz natürlich zusammen; beide folgen aus dem gleichen präzisen Gespür für literarisches Eigentum und Individualität, und beide brauchen die gleiche hohe Aufmerksamkeit für Einzelheiten des Textes. Mit anderen Worten, Porphyrios hatte nicht nur eine gute Ausbildung in dem jetzt traditionellen Handwerk des Grammatikers, er lebte auch mit anderen, die diese gewissenhaft erworbenen Fähigkeiten besaßen und gern ausübten.

Porphyrios aber ging über die meisten anderen antiken Literaturdetektive hinaus. Er wurde zur führenden Kapazität seiner Zeit für Fälschung und Pseudepigraphie – zumindest jener, die den intellektuellen und religiösen Überlieferungen, die er nicht schätzte, ein gewisses Maß an Alter und Autorität verliehen. Jesus respektierte er zwar, doch er griff die jüdischen und christlichen Offenbarungen an, indem er auf viele offensichtliche Fehler und Ungereimtheiten im Alten Testament und den Evangelien hinwies. Die Geschichte von Jonas und dem Wal zum Beispiel nannte er absurd: »Es ist unwahrscheinlich und unglaublich, daß ein Mann mit seiner Kleidung am Leib in das Innere eines Fisches hinein geschluckt worden sein soll; und falls es bildlich gemeint ist, dann sollte man die Höflichkeit haben, es zu erläutern.«[13] Er wies darauf hin, daß auf einem kleinen, ruhigen Gewässer wie dem See Genezareth kein schrecklicher Sturm aufkommen könne. Und er führte ebenso elegant wie vorausblikkend den Nachweis, daß die furchtbaren, zutreffenden Prophezeiungen des alttestamentarischen Buches Daniel, die angeblich aus dem sechsten vorchristlichen Jahrhundert stammten, verschleierte Geschichtsschreibung waren. Wenn Daniel Ereignisse des zweiten vorchristlichen Jahrhunderts vorhersagte, als Hellenisierer den Tempel in Jerusalem entweihten, dann bewies dies lediglich, daß er sein Buch nach den geschilderten Ereignissen geschrieben hatte.[14]

Porphyrios feilte an seinen kritischen Fähigkeiten, indem er die Fachliteratur seiner Zeit sehr gründlich las. Als er das Buch Daniel als Fälschung bezeichnete, zog er beispielsweise Africanus' Argument heran, in der Geschichte von Susanna und den Greisen gebe es zwei Wortspiele, »die eher zur griechischen als zur hebräischen Sprache zu gehören scheinen«. Er ging insofern weiter als Africanus, als er zu dem Schluß kam, der ganze Text – und nicht nur die Geschichte der Susanna – sei »eine Erfindung und unter den Hebräern nicht in Umlauf gewesen, sondern eine auf griechisch ausgedachte Geschichte«.[15] Seine Verknüpfung von heidnischer und christlicher Bildung machte ihn zu einem herausragenden Spezialisten, mit dem kein christlicher Gelehrter seiner Zeit ebenbürtig diskutieren konnte. Kein Wunder also, daß die Christen nicht nur seine Argumente bestritten, sondern auch ihn selbst verprügelten und seine Schriften verbrannten.[16]

Wie Porphyrios galt auch Casaubons besonderes Interesse dem Problem der Authentizität. In einem frühen Kommentar zu Diogenes Laertios wies er darauf hin, das Gedicht *Hero und Leander*, traditionell dem mythischen Schriftsteller Musaios zugeschrieben, der fast ein Zeitgenosse Orpheus' war, müsse in Wahrheit das Werk eines »Grammatikers« sein – eines hellenistischen geschulten Dichters.[17] In seiner Ausgabe des pseudohomerischen *Froschmäuselerkriegs* vermerkte er mit wacher Aufmerksamkeit, ein Dichter, der – wie der Verfasser des *Froschmäuselerkriegs* – sage, er schreibe auf »Tafeln auf [seinen] Knien«, sei wohl kaum so blind gewesen wie Homer.[18] Und er widmete der *Historia Augusta* eine kritische Ausgabe und einen Kommentar, die seiner Meinung nach auf gar keinen Fall das Werk jener sechs Einzelverfasser sein konnte, denen die Handschriften es zuordneten. Wenigstens drei von ihnen waren mutmaßlich zur gleichen Zeit geboren, hatten zur gleichen Zeit begonnen, die Lebensgeschichten der Kaiser zu schreiben, und die in ihren Arbeiten »verwandten Stilarten sind so ähnlich, daß es fast unmöglich ist, sie voneinander zu unterscheiden« – eine Anhäufung von Zufällen, die jeder Wahrscheinlichkeit Hohn spricht. Moderne Forschungsergebnisse haben diese Einschätzung bestätigt und auf alle vermeintlichen Verfasser ausgeweitet. Casaubon kam zu dem Schluß, eine Einzelperson müsse die Texte in ihrer überlieferten Form zusammengestellt haben, auch wenn er sich nicht vorstellen konnte, was ihn dazu hätte veranlassen können.[19]

Hinzu kommt – und dies ist ungewöhnlicher –, daß Casaubon im Konstruieren ebenso geschickt war wie im Demolieren. In seiner Ausgabe von Theophrastos' *Charaktere* behauptet er zu Recht, daß der Text echt ist. Der bedeutende Kritiker Pier Vettori hatte zwar darauf hingewiesen, im Text werde erwähnt, sein Verfasser sei ein Mann von neunundneunzig Jahren, während Theophrastos nach Angaben seiner Biographen mit fünfundachtzig starb. Aber Casaubon fand es absurd, aufgrund eines einzigen äußeren Beweises die Authentizität eines Buches anzuzweifeln, das die Klassiker unter Theophrastos' Werken aufzählen, das von einem Athener zu Theophrastos' Zeit geschrieben wurde, und das Theophrastos fraglos in Stil wie Sujet entsprach. Und er benutzte Stil und Vokabular, die er sogar noch umfassender und präziser zusammentrug und auswertete, um zu beweisen, daß Gregor von Nyssas dritter Brief authentisch sein mußte, selbst wenn er nicht im Codex Regius auftauchte.[20]

Wie Porphyrios, so schärfte auch Casaubon sein Gespür für Schwindeleien mit allen erdenklichen Mitteln. Er war der Schwiegersohn von Henri Estienne, bedeutendster Hellenist des sechzehnten Jahrhunderts und Begründer des *Thesaurus linguae Graecae* – eben jenes Werkes, zu dessen Aktualisierung Vater Hase 250 Jahre später beitragen sollte. Estienne wußte auch sehr viel über Authentizität; er war es, der Casaubon gesagt hatte, daß der Musaios des *Hero und Leander* nicht der legendäre Barde der Griechen war. Und in seinem Exemplar von Estiennes Werk – das mit einem Vermerk auch auf nichthomerische Merkmale in der Diktion des Textes hinwies – verzeichnete Casaubon, handschriftlich, seine kritische Interpretation des *Froschmäuselerkriegs.*[21]

Reitzenstein lebte in einem Zeitalter größerer Spezialisierung und befaßte sich intensiver als seine Vorgänger mit Pseudepigraphie und Fälschung. Das von ihm gewählte Studiengebiet, die Geschichte religiösen Erlebens und Verhaltens, war in der griechischen Welt vorwiegend durch Zeugnisse vertreten, die angeblich das Werk von Gottheiten oder erleuchteter Propheten waren. *Poimandres* (1904), sein beeindruckendstes Buch, war der erste umfassende Versuch, alle Quellen – handgeschriebene wie gedruckte, direkte wie indirekte – zu sammeln, die die hermetischen Schriften und ihre Verfasser betrafen. Reitzenstein redigierte die Texte kritisch, verfolgte deren Geschichte von der Zeit Jesus bis in seine eigenen Tage und filterte eine scharfsinnige, präzise und ideosynkratische Geschichte der hermetischen Glaubensgemeinschaft heraus, die diese Schriften produziert hatte – eine Gemeinschaft, die, wie er behauptete, zwischen dem zweiten vorchristlichen und dem zweiten nachchristlichen Jahrhundert von einem ägyptischen Priester begründet worden war, der die ägyptische Lehre, nach der Ptah das Universum erschaffen hatte, mit dem östlichen Glauben, nach dem der Mensch Zeit seines Lebens Sklave der Materie sei, sich aber befreien könne, wenn er den Pfad mystischer Erleuchtung einschlage, zu einem einzigen gnostischen System verknüpfte. Reitzensteins Rekonstruktionen wirken heute überaus beliebig (übrigens auch schon damals, als er nämlich später zu der Auffassung gelangte, der Ursprung der hermetischen Weisheitslehre sei zwar östlich, jedoch nicht ägyptisch, sondern persisch – und seine Geschichte des hermetischen Glaubens und dessen Bräuche entsprechend änderte).[22]

Reitzenstein strebte in diesem Bereich ebenso eifrig nach wissenschaftlicher Erleuchtung wie ehemals die hermetischen Initiierten nach spiritueller Erleuchtung. Er erkannte, daß es in Texten und Textfragmenten einiger nicht-westlicher Sprachen – ägyptisch, altpersisch, arabisch und andere – Informationen gab, die die griechischen Texte ergänzten. Reitzenstein, ein geselliger Mensch, der es liebte, mit Freunden und Studenten griechische Texte zu lesen, knüpfte lockere Verbindungen zu Orientalisten, die willens waren, ihn in die Geheimnisse ihrer Disziplin einzuweihen. In Göttingen, einem der wichtigsten Forschungszentren für Orientalistik, arbeitete er mit Mark Lidzbarski, einem brillanten Konvertiten vom Judaismus, sowie dem Persienforscher F. C. Andreas zusammen, wodurch er, wie er meinte, Zugang zu umfassenden Beweisen für seine Grundannahmen erhielt, nach der das griechische Denken, angefangen bei Plato, ausnahmslos östlicher Herkunft sei – und vor allem seine geliebten hermetischen Schriften.

Reitzenstein las Pseudoepigrapha mit einem Geschick und einem Gespür, die von den heute offensichtlichen Mängeln seiner Theorien nur allzu leicht überdeckt werden. Er zeigte wie kaum ein anderer vor ihm, daß Fälschungen subtil analysiert und nicht sarkastisch verworfen werden müssen, selbst wenn letzteres angemessen scheint. Er wies beispielsweise darauf hin, wenn der Verfasser des *Corpus Hermeticum XVI* behaupte, seine religiöse Offenbarung sei von der Art, die ein normaler Grieche nicht verstehen könne, dann sei dies zwar üblich, aber nicht ohne Bedeutung. Er habe »den Ursprung beglaubigen und die Erwartung [seiner Leser] spannen« wollen, wie es eben ein ganz normaler Fälscher tue. Zugleich aber glaubte er tatsächlich, daß der durchschnittliche fremde Ungläubige, der sein Buch in die Hand bekam, »es doch nicht verstehen werde, ja es für ihn tot bleiben müsse, eben weil die Schau [die einen initiierten Leser beseelen würde] nicht eintritt.«[23] Ohne den Konventionen seines Genres Gewalt anzutun, spürte Reitzenstein geschickt auf, worin das individuelle Element der Schrift besteht: der Verfasser des *Corpus XVI* unterscheidet sich von dem Verfasser der trojanischen Kriegsgeschichten des Kreter Diktys durch sein tiefes religiöses Empfinden. Ein solch hohes Maß an Feingefühl war einer gefälschten Schrift zuvor, wenn überhaupt, nur selten zuteil geworden.

Diese drei Männer verbanden über die Jahrhunderte hinweg noch andere gemeinsame Interessen. Alle drei nutzten ihre Fähigkeiten als Historiker und Kritiker – wenn auch auf eklatant unterschiedliche Weise, um die Überlegenheit jener religiösen und philosophischen Lehren zu beweisen, die sie selbst vertraten. In jedem Fall war hierfür das historische Argument ausschlaggebend. Auf dem spätantiken Markt der Ideen war, wie wir bereits sahen, die verlockendste Garantie, die ein Seher für die Kraft und Schönheit seiner Offenbarung geben konnte, ein antiker oder orientalischer Stammbaum – am besten beide. Im Europa des sechzehnten Jahrhunderts beschuldigten die Katholiken die Protestanten, mit der historischen Tradition des Christentums gebrochen zu haben, und Protestanten wie Casaubon antworteten, ihre Absicht sei es, die historischen Bräuche und Werte der Urchristen wiederzubeleben, die der Katholizismus verfälscht habe. Im Deutschland um 1900 wollten Konservative die Einmaligkeit des klassischen Griechenlands und des Christentums beweisen, und Liberale – jüdische ebenso wie protestantische – insistierten, es gebe eine organische Verbindung zwischen semitischen und westlichen Rassen, zwischen Judaismus und anderen östlichen Religionen und dem hohen Entwicklungsstand der abendländischen Zivilisation.

Porphyrios verteidigte seine platonische Sekte gegen alle angeblich älteren und exotischeren Rivalen. So widerlegte er auf Plotins Bitten ein Zoroaster zugeschriebenes Werk, »und ich bewies, daß es ganz und gar unecht und modern ist, erfunden von den Sektierern, um den Anschein zu erwecken, die Lehren, die sie zu ehren sich entschlossen haben, seien jene des alten Zoroaster«.[24] Auf ähnliche Weise verteidigte Casaubon das historische Vorrecht des Protestantismus. Sein letztes großes Buch war ein gezielter Angriff auf den ambitioniertesten Versuch der katholischen Kirche, die ungebrochene Linie von der frühen bis zur Kirche des sechzehnten Jahrhunderts zu beweisen: die *Annales ecclesiastici* von Cesare Baronio.[25] Und Reitzenstein schließlich schrieb sein hervorragendes zusammenfassendes Werk über die *Hellenistischen Mysterienreligionen* (3. Aufl., 1927) um nachzuweisen, daß die wichtigste religiöse Begrifflichkeit der frühen Christenheit – vor allem die des Paulus – von jener abgeleitet sei, mit der schon Hermiten und andere ihre religiösen Erfahrungen beschrieben hatten. Eine solche historische Analyse schien ihm von zentraler Bedeutung, da nur ein Gefühl für die tatsächlichen, vielfältigen Wurzeln des Christentums den Protestantismus vor »Verengung und Uniformierung« und der »Herrschaft der Formeln« bewahren könne. Wer Paulus und Poimandres parallel lese, der erkenne, daß andere Kulturen und Religionen den schöpferischsten Varianten des Christentums seit jeher Inhalt und Ausdrucksform verliehen haben: »Seine innere Kraft hat immer darin gelegen, daß seine äußere Grenze so flüssig war.«[26] Alle drei Männer widmeten sich also der höheren Kritik nicht nur aus Liebe zu ihrer Disziplin, sondern auch, weil sie darin einen übergeordneten ideologischen Sinn sahen.

Schließlich treffen sich die drei als Kritiker derselben Schrift; und vor allem dies macht unseren Vergleich lehrreich. Die hermetischen Schriften waren, wie gesagt, eine der umfangreichsten spätantiken Pseudepigrapha, ein Bericht über die religiösen Erfahrungen und magischen Praktiken kleiner Gruppierungen, die sich – lange nachdem sie die politische Selbständigkeit, die religiöse Einheit, ja sogar den sprachlichen Zugang zu ihren eigenen, in Hieroglyphen gefaßten heiligen Schriften verloren hatten – bemühten, die Reinheit der ägyptischen Kultur zu bewahren. Schon zu Porphyrios' Zeiten waren zusammengehörige Schriftstücke in Umlauf, die dem Corpus, wie wir ihn heute kennen, ähnelten, nicht aber identisch waren mit ihm. Schon darin gab es Passagen, die sich Mühe gaben, diese Schriften als fremdartig, orientalisch und antik zu präsentieren. Zu Porphyrios' wie zu Casaubons Zeiten waren die meisten Leser von der Bedeutsamkeit dieser Texte gefesselt und von deren Alter beeindruckt: eine nüchterne und befriedigende Mischung aus platonischer Philosophie und biblischer Theologie. Kirchenvater Lactantius sah ebenso wie der Neuplatoniker Iamblichos in den Offenbarungen des Hermes die authentischen Ergüsse eines ägyptischen Halbgotts und Propheten.[27] Marsilio Ficino verschob, auf direkte Anweisung seines Gönners Cosimo de' Medici, seine Plato-Übersetzung ins Lateinische, um zuerst Hermes zu übersetzen. Die Anpreisung der ersten Druckausgabe des Werkes bedrängte die Leser, »wer Ihr auch sein möget, ob Grammatiker oder Redner, Philosoph oder Theologe«, Hermes zu kaufen, »denn ich werde Euch für einen geringen Preis Vergnügen und Nutzen bereiten«.[28] Pietro Crinito, einer der gebildetsten Gelehrten des frühen sechzehnten Jahrhunderts, konnte unschwer Nannis moderne Fälschung aufdecken und anprangern; die antiken Fälschungen des Hermes jedoch akzeptierte er als zweifelsfrei antik, fromm, profund und echt. Noch in den achtziger Jahren des sechzehnten Jahrhunderts sah Justus Lipsius, einer der größten europäischen Experten für die Geschichte der antiken Philosophie, darin, daß in den Schriften des Ägypters Hermes »viele Mysterien und Geheimnisse unseres Gesetzes« vorkamen, den direkten und schlagkräftigen Beweis für die Unverfälschtheit und den Nutzen der heidnischen Philosophie.[29] So schwammen also sowohl Porphyrios wie Casaubon gegen den Strom ihrer Zeit, als sie Hermes demontierten. Reitzenstein hingegen schwamm mit dem Strom; er war, wie viele andere Gelehrte seiner Zeit – vor allem Aby Warburg – durch die hermeneutischen Theorien eines Wilhelm Dilthey und die geschichtswissenschaftliche Praxis eines Hermann Usener dazu angeregt, in den Schlüsselbegriffen liturgischer oder theologischer Schriften Verweise auf frühere Überlieferungen zu sehen, von denen sie abstammen müssen. Doch auch er traf auf beträchtlichen Widerstand, als er auf seiner Ansicht beharrte, das Christentum stehe in der Schuld von dubiosen orientalischen Offenbarungslehren.

Porphyrios' Kritik hat in ihrer ursprünglichen Form nicht überdauert. Wir müssen sie aus den Antworten des Iamblichos rekonstruieren, dessen Widerlegung merkwürdigerweise selbst ein pseudepigraphisches Werk ist, das einem Priester namens Abammon zugeschrieben wird, der Punkt für Punkt auf Porphyrios eingeht. Iamblichos' Ausführungen zeigen, daß Porphyrios einige Annahmen – weniger historischer als vielmehr philosophischer oder literarischer Art – bestritt, die der Hermes-Verehrung zugrunde lagen. So meinte er, »barbarische« Wörter für Anrufungen oder fremde Götternamen seien in keinster Weise tiefgründiger als griechische – eine Annahme, die ganz gewiß alle antiken Fälscher zu der Behauptung verführt hat, sie seien nur die Übersetzer orientalischer Originale. Und Hermes' Naturphilosophie datierte er nicht nur neu, er kritisierte sie auch.

Aber wie stets bei Porphyrios, ist vor allem die historische Beweisführung bemerkenswert und eigenständig. Iamblichos schreibt: »Die Bücher, die unter Hermes' Namen zirkulieren, enthalten dessen Meinungen, auch wenn sie sich oft der Sprache der Philosophen bedienen, denn sie wurden von Männern aus dem Ägyptischen übersetzt, die in der Philosophie nicht unbewandert waren.«[30] Was das heißt, ist klar. Porphyrios erkannte – wie der moderne Leser –, daß die hermetischen Schriften Begriffe der griechischen Philosophie benutzten; er fragte, wie schon bei der Susanna-Geschichte, wie dies jemals einem Ausgangstext entsprechen könne, der angeblich in einer anderen, fremden Sprache verfaßt sei. Iamblichos konnte nur antworten, dies müsse an den Übersetzern liegen. Porphyrios zog hier, wie schon bei seinen Angriffen auf die Bibel und die unechten Zoroaster-Werke, Geschichtswissenschaft und Philologie heran, um die Behauptung zurückzuweisen, es handele sich um eine uralte und orientalische Offenbarung.

Casaubons Kritik hingegen ist in vielen Punkten detailliert ausgeführt und in erhaltenen Materialien lückenlos dokumentiert. Es begann damit, daß Casaubon das *Corpus Hermeticum* nochmals las, um seine Schrift gegen Baronio vorzubereiten, der ihn in den *Annales* gläubig zitierte. Eine Stelle nach der anderen provozierte Casaubon zu sarkastischen, gelehrten Kommentaren, die er in seinem charakteristischen gräßlichen Gekritzele an den Seitenrändern des Buches notierte und schließlich in seiner veröffentlichten Baronio-Kritik ausführlich begründete. Vor dieser Publikation hatte Casaubon schon von mehreren Textstellen die Patina der Glaubwürdigkeit abgekratzt. Er hatte Hinweise auf Phidias und Eunomos aufgedeckt, Griechen, die lange nach dem vermuteten Zeitalter des Hermes lebten. Er hatte die angeblich antike Diktion der Schrift in Stücke zerrissen: »Es kommen hierin viele Wörter vor«, schrieb er, »die einem Griechisch entstammen, das nicht älter ist als zur Zeit von Christi Geburt.«[31] Er führte sie einzeln auf und nennt als unwiderlegbaren Beweis für das späte Entstehungsdatum des Werkes, daß darin komplizierte Abstrakta aus der Sprache des spätheidnischen und christlichen Neuplatonismus sowie technische Begriffe der christlichen Theologie vorkommen. »Wer unter den älteren Griechen«, fragt er, »hätte je für Macht das Wort *authentia* benutzt? ... Wer unter den frühen Schriftstellern sagte jemals *hulotes*, *ousiotes* und dergleichen?«[32] Hermes hatte sogar den besonders verwerflichen Fehler begangen, den Begriff *homoousios* (von gleicher Substanz) zu benutzen, was beweise, daß er frühchristliche, inzwischen verschollene Schriften gekannt haben müsse.[33] Casaubon entdeckte in der hermetischen Schöpfungsgeschichte eindeutige Anleihen bei der hebräischen Bibel einerseits, und in der hermetischen Beschreibung von Gott als perfektem Wesen, das keinen Neid empfinden kann, Anleihen bei Platos *Timaios*, andererseits. Und die Vorspiegelung des Verfassers, es handele sich um eine Übersetzung aus dem Ägyptischen, wertete er als Beweis der bewußten Betrugsabsicht. An einer Stelle erklärt das *Corpus* die Etymologie des griechischen Wortes *kosmos*: *kosmei gar ta panta* (das Universum wird *kosmos* genannt, weil es allem eine Ordnung [*kosmei*] auferlegt). »Sind *kosmos* und *kosmei*«, fragte Casaubon, »Wörter des Altägyptischen?«[34] Hier verrät, wie schon in Porphyrios' Daniel-Analyse, ein griechisches Wortspiel, daß kein Urtext in einer orientalischen Sprache existiert. Diese Beweisführung schien unwiderlegbar; selbst die katholischen Polemiker, die Casaubon in praktisch jedem einzigen Punkt seiner Baronio-Kritik zu widerlegen suchten, nahmen seine Neudatierung des *Corpus* hin.[35]

Casaubons Kommentare waren detailliert, Reitzensteins hingegen überbordend – in ihrer Gründlichkeit ebenso wie in ihrer proteischen Spiegelung von Reitzensteins wechselnder Meinung zu diesem Thema. In *Poimandres, Mysterienreligionen* und vielen anderen längeren und kürzeren Aufsätzen analysierte Reitzenstein Sprache, Form und Inhalt des *Corpus* systematischer als jeder seiner Vorgänger. Für seine Arbeit war die Feststellung, daß dieses Werk gefälscht sei, nicht Endpunkt, sondern Anfang. Als seine unwahren Behauptungen endgültig kein Thema mehr waren und seine wahre chronologische und geographische Herkunft feststanden, stellte sich paradoxerweise seine historische Jungfräulichkeit wieder her. Es wurde gegen den Willen seines Verfassers zu einem echten Zeugnis; und als solches nutzte es Reitzenstein. Die Sprache des *Corpus*, voller wiederholter Redewendungen und Erklärungen der eigenen Formulierungen, wurde zum Schlüssel für kürzere – und historisch bedeutsamere – Schriften wie die Paulusbriefe. Wo Paulus über die spricht, die *gnosis* (Wissen), aber keine *agape* (Liebe) haben, hatten frühere Exegeten *gnosis* als »rationales Wissen« gedeutet; Reitzenstein zeigte, daß er den Weg des übernatürlichen Wissens meinte, von dem Hermetisten und christliche Gnostiker glaubten, er führe zum unmittelbaren und verwandelnden Erkennen Gottes. Die hermetischen Schriften waren nicht ein Schatten des Neuen Testaments, sondern sie wurden zur Fackel, die es erhellte; richtig gedeutet, nahmen im Lichte dieser Fälschung Paulus' Auffassungen ebenso wie die seiner Gegner eine neue Bedeutung an.[36] Die Wechsel in Reitzensteins Meinung über den wahren Ursprung der hermetischen Lehren waren wahrlich extrem, doch die Art, wie er von der Substanz dieser Schrift Gebrauch machte, bleibt beispielhaft. Niemand hat es je besser verstanden, den trockenen Worten eines Dokuments erneut das Leben des religiösen Empfindens einzuhauchen, oder aus einer dürren und skizzenhaften Handschrift vergangene menschliche Dramen und Rituale wieder zum Leben zu erwecken.

Dieser dreifache Vergleich ist in mehrerer Hinsicht lehrreich. Zunächst zeigt er, daß Casaubons Beweisführung – in neuerer Zeit oft als Klassiker der höheren Kritik zitiert – kaum Argumente aufweist, die *per se* neu gewesen wären. Schon Porphyrios hatte erkannt, daß die Diktion des

Textes nicht mit seinem angeblichen Alter und seiner angeblichen ägyptischen Herkunft vereinbar war. Casaubon konnte die griechische Literatur von einem strategisch günstigen Punkt – von außen nämlich – als Ganze betrachten, und er hatte Zugang zu einer ungeheuren Anzahl neu aufgelegter griechischer Schriften und Handbücher zur griechischen Sprache, die im sechzehnten Jahrhundert erschienen. Er machte Porphyrios' Beweis unwiderlegbar, indem er die Daten beisteuerte, die dieser ausgelassen hatte. Damit aber stärkte er eine generelle These, die er nicht erfunden hatte.

Zweitens zeigt er, daß Casaubon zwar ein größeres Spektrum an Fragen zum Corpus stellte als Porphyrios, die Methoden der Echtheitskritik jedoch nicht drastisch veränderte oder verbesserte. Wenn Casaubon zum Beispiel auf Anachronismen im Text hinwies, machte er auf Mängel aufmerksam, die Porphyrios – soweit wir wissen – in diesem Zusammenhang nicht erwähnt hatte. Aber mit der Idee des faktischen Anachronismus war Porphyrios ohne Zweifel vertraut, da er sie bei seinem Nachweis des wahren Alters des Buches Daniel geschickt anwandte. Und die speziellen faktischen Anachronismen, die Casaubon im hermetischen Corpus kritisierte, hat er nicht selbst entdeckt. Schon der fanatische Calvinist und Chronist Matthaeus Beroaldus hatte sie benutzt, um in seiner Weltgeschichte das Corpus anzugreifen, und Casaubon – der ein Exemplar von Beroaldus' Werk besaß, das sich heute in der British Library befindet, und an der entsprechenden Stelle einen Vermerk machte – hatte ohne Zweifel diesen Punkt und dessen Konsequenzen direkt von seinem modernen Vorgänger übernommen.[37]

In beiden Punkten gibt es überdies zwischen Porphyrios oder Casaubon und Reitzenstein einen deutlichen Unterschied in der Sache. Die beiden frühen Kritiker taten in gewisser Weise nur etwas ganz Naheliegendes: sie attackierten eine Schrift, die nicht nur technische Mängel aufwies, die ihr Feingefühl störten, sondern auch noch Ketzereien, die ihre tiefsten Überzeugungen beleidigten. Porphyrios, der leidenschaftliche Verteidiger der religiösen Überlieferungen Griechenlands, konnte leicht ein Werk durchschauen, das von der Überlegenheit des »barbarischen« Ägyptens ausging. Casaubon griff, noch unumwundener, das Corpus an, weil es Plato und der Bibel allzu sehr ähnelte, um echt sein zu können. Denn übernehme man die Aussagen des Corpus ungeprüft, dann impliziere dies, wie er sagte, eine eigene und bessere Offenbarung für die Heiden: »Die Annahme, daß solch große Geheimnisse den Heiden klarer enthüllt worden seien als dem Volk, das Gott als das von ihm Erwählte liebt, scheint im Widerspruch zum Wort Gottes.«[38] Weder Porphyrios noch Casaubon konnten »beweisen«, daß keine barbarische Zivilisation älter war als die griechische oder daß die ägyptische Theologie nicht im Grunde christlich war; sie gingen von diesen Grundsätzen aus, die ihrerseits ihre Kritik an

Schriften, die dem widersprachen, ebenso auslöste wie prägte. Wer diese Annahme nicht teilte, mochte ihre Angemessenheit durchaus bestreiten – wie im siebzehnten Jahrhundert beispielsweise Thomas Hyde, der persische Religionen erforschte und durchaus erkannte, daß seine monotheistische Interpretation der Zoroaster-Religion eine gesonderte Offenbarung für Heiden implizierte – dies jedoch nicht als Beweis deutete, daß seine Auffassung unmöglich sei, sondern als Zeichen der Rätselhaftigkeit der Vorsehung.[39] In beiden Fällen also bedeutete Echtheitskritik, mit Geschichtswissen unakzeptable Schriften zu attackieren, wobei die Gründe dafür nicht strikt historischer Natur waren. Der Kontrast zu Reitzensteins Bereitschaft, einem Imitat – wo angebracht – völligen Glauben und Vertrauen zu schenken, könnte kaum schärfer sein.

Unser Vergleich bestätigt die Existenz einer langen Tradition kritischen Denkens – das über die Jahrhunderte unterschiedlich ausgeübt, nicht aber fundamental verändert wurde. Er zeigt, daß der klassische wie der neuzeitliche Gelehrte etwa die gleichen Hilfsmittel verwandte wie wir, wenn er eine Fälschung zu untersuchen begann: Systematischer Vergleich der Sprache, des Inhalts, expliziter wie impliziter Prämissen des Dokumentes mit dem, was aufgrund anderer Unterlagen zu erwarten wäre. Aber er zeigt auch, daß von Porphyrios' zu Casaubons Zeit graduelle, aber entscheidende Veränderungen geschehen waren. Casaubon war freier als Porphyrios, sprachliche und andere Beweise im Detail anzuführen. Vielleicht hinderten die rhetorischen Konventionen der Antike Porphyrios daran, Gewißheit zu erlangen, weil er dabei Gefahr gelaufen wäre, Langeweile auszulösen; vielleicht meinte er, jeder gebildete Leser müsse die entstellenden Neologismen in Hermes erkennen können, nachdem sein Augenmerk ganz allgemein darauf gelenkt worden war. Jedenfalls liegt der wichtigste Unterschied zwischen Porphyrios' und Casaubons Argumentationsweise nicht in der Differenziertheit der von ihnen angewandten Methoden, sondern in der Bedeutung der zusammengetragenen Daten. Und es kann sein, daß die Bedeutung von Daten, eher im allgemeinen denn im technischen Sinne, einer der entscheidenden Unterschiede zwischen der neuzeitlichen und der antiken Echtheitskritik ist. Mit Sicherheit ist es ein Aspekt, in dem Casaubon und Reitzenstein gegen Porphyrios stehen, dessen Leserschaft nicht aus professionellen Wissenschaftlern bestand, die eine Unmenge detaillierter Beweise zu schätzen gewußt hätten, selbst wenn er sie hätte ausbreiten wollen.

Die Beweismenge, die ein Casaubon handhaben mußte, war zwar exponential größer als das Material seines antiken Kollegen, doch das Handwerkszeug, das ihm zur Verfügung stand, war auch vielfältiger. Schließlich konnte Casaubon auf zwei Jahrtausende wissenschaftlicher Forschung zurückgreifen – nicht nur bei speziellen Hinweisen auf Hermes, sondern auch was allgemeine methodologische Vorbilder anging. Und ganz ohne

Zweifel tat er genau das. Als er beteuerte, kein heidnischer Prophet habe die Wahrheiten des Christentums umfassender und klarer antizipieren können als die jüdischen Propheten, übernahm Casaubon ein Argument, mit dem einige Jahre zuvor ein anderer Calvinist, Johannes Opsopoeus, eine andere antike Fälschung entlarvt hatte, die Sibyllinischen Orakel. Auch Opsopoeus hatte die Unzweideutigkeit seiner Schrift – die er kritisch editierte und mit einem umfangreichen, gelehrten Kommentar versah – als Beweis dafür angeführt, daß sie betrügerisch sein müsse. Sie war allzu offensichtlich eine Prophezeiung, als daß Gott sie einem Propheten hätte zuteil werden lassen, der nicht dem erwählten Volk angehörte: »Isaiah sagte unbestimmt voraus: Sehet, eine Jungfrau wird einen Knaben gebären. Aber die Sybille nennt den Namen: Sehet, eine Jungfrau namens Maria wird in Bethlehem den Knaben Jesus gebären. Als hätten die Propheten die Zukunft mit weniger göttlicher Inspiration vorhergesagt als die Sibyllen . . .« Und in seiner Beschreibung von Geschehenem war der Text in jedem Fall zu eindeutig und zu elegant, um Ergebnis einer Inspiration sein zu können. Die Orakel waren in Wirklichkeit bewußt komponiert, das Werk »eines ruhigen Geistes, nicht des göttlichen Wahns (*animi sedati potius quam furoris*)«.[40] Hier verwandte Opsopoeus eine weitere klassische Methode zu modernem Zweck. Cicero hatte, in *De divinatione*, ganz entschieden die Auffassung vertreten, daß die ihm bekannten akrostischen sibyllinischen Orakel allzu klar seien, um echte Prophezeiungen sein zu können, und das Produkt »eines Schreibenden, nicht eines Rasenden (*scriptoris, non furentis*)« seien.[41] Opsopoeus symmetrische Formulierung läßt keinen Zweifel daran, daß er Cicero verpflichtet ist. Und die ganze Episode zeigt den entscheidenden Unterschied zwischen der historischen Perspektive eines Casaubon – oder eines Reitzenstein, mit ihrem um ein vielfaches breiteren Spektrum an Materialien und Methoden – und Porphyrios; doch sie bestätigt auch die intakte Präsenz einer bedeutenden antiken Komponente in Casaubons modernstem kritischen Werk.

Aber alles hat zwei Seiten. Die drei Männer haben einen entscheidenden Charakterzug gemeinsam, der vielleicht bezeichnender ist als ihre Unterschiede: alle ließen sehr viel weniger kritisches Einsichtsvermögen erkennen, sobald es um Schriften ging, die ihren Meinungen und Wünschen entsprachen. Porphyrios durchschaute Hermes leicht. Doch bei dem Material über die frühe phönizische Geschichte und Religion, das Philon von Byblos gesammelt hatte, erwies sich seine Leichtgläubigkeit als ebenso grenzenlos wie seine Kritik scharfsinnig sein konnte. Er akzeptierte Philons Behauptung, mag sie sogar weiter ausgebaut haben, er beziehe sich auf die *Phönizische Geschichte* des Sanchuniathon von Beirut, der »so sagt man, vor dem Trojanischen Krieg lebte« und »die Traktate benutzte, die Hierombalos, der Priester des Gottes Ieû, schrieb«.[42] Und er ließ offenbar nicht ein Wort des Zweifels über den phönizischen Ursprung von Sanchuniathons Werk verlauten, obwohl zu dessen wesentlichen Behauptungen die Annahme des hellenistischen Griechenland gehörte – die häufig mit dem Gelehrten Euemeros in Verbindung gebracht wird – die Götter der antiken Mythen seien in Wahrheit Sterbliche, die aufgrund ihrer großen Taten von späteren Menschen als göttlich erachtet wurden. Die Behauptung, sehr alte, inzwischen unzugängliche phönizische Dokumente benutzt zu haben, und das Übertragen des alexandrinischen Brauches, Herrscher ehrenhalber zu Heiligen zu machen, auf die prähistorische Welt antiker Mythen – dies waren just die stereotypen Fälschungsmanöver und Anachronismen, die Porphyrios mit Leichtigkeit entdeckte, wenn ihn andere, tiefer sitzende Voreingenommenheiten anstachelten. Und gelegentlich entfernte sich Porphyrios noch weiter von der korrekten Haltung eines Echtheitskritikers, mit der er normalerweise – und zu Recht – assoziiert wird. In seiner *Philosophie aus Orakeln* sammelte er Orakel griechischer Götter, um zu beweisen, daß sein eigener philosophischer Monotheismus mit den Überlieferungen der griechischen Religion und Mythologie vereinbar sei. Dieses Vorhaben klingt uneingeschränkt löblich und ehrlich, bis man auf einen Porphyrios trifft, der im Vorwort erklärt, er habe »dem Sinn der Orakel nichts hinzugefügt und nichts fortgenommen, außer dort, wo ich eine falsche Wendung korrigierte oder um der größeren Klarheit willen eine Änderung machte oder das Metrum ergänzte, wenn es lückenhaft war, oder alles gestrichen habe, das nicht paßte« – und begreift, daß er nicht nur, wenn es seinen Erfordernissen und Interessen gelegen kam, Fälschungen akzeptieren, sondern bei Bedarf auch echte Texte umschreiben konnte.[43] Porphyrios' Philologie vermochte unechte Autoritäten ebenso flink zu erschaffen wie sie sie zerstörte. Auch Casaubon konnte die Schwachstellen in den Versuchen eines hellenisierten Ägypters erkennen, der nachweisen wollte, daß schon seine Vorfahren philosophische Monotheisten waren. Fälschungen jedoch, die seinen eigenen Annahmen mehr entgegenkamen, passierten seine kritische Überprüfung ungeschoren. So entschied er nach anfänglicher Skepsis, der Aristeasbrief sei echt und gottesfürchtig – obwohl Scaliger, sein Freund und Korrespondent, ganz leicht chronologische und andere Fehler fand, die ihn verunstalteten. Schließlich äußerten in diesem Brief gute, gebildete Juden angemessen Gottesfürchtiges und Philosophisches über die weniger ansprechenden Passagen des Alten Testaments; für einen Calvinisten mit breitgefächerten Ansichten und Interessen war es schwierig, von Geschichte wie Dialog nicht gefesselt zu sein.[44]

Reitzenstein erwies sich ebenfalls als leichtgläubig, wenn ein Text seinem Wunsch entgegenkam, für griechische und christliche Gedanken nicht-abendländische und nicht-christliche Wurzeln zu finden. Seine gesamte Theorie vom persischen Ursprung des griechischen Denkens – die ihn nicht nur zum Umschreiben seines Werkes über Hermes bewegte, sondern auch zu einer Art Roman über Plato, dessen Studenten Eudoxos und deren persischer Bildung – beruhte auf einer einzigen pseudepigraphischen Schrift, einem hippokratischen Medizintraktat, das er für sehr alt und dessen Inhalt er für persisch hielt. Aber weder Alter noch Fremdartigkeit dieser Abhandlung schien späteren Gelehrten eindeutig; auch wenn einige Reitzensteins Einschätzungen des Werkes noch immer in gewissem Maße für vertretbar halten, würde heute niemand mehr ein komplettes kultur- und religionsgeschichtliches Gebäude auf einem solch schmalen und wackligen Fundament errichten. Und es ist leicht zu sehen, daß Reitzenstein diese Schrift im Hinblick auf ihre Quellen und Parallelen nicht ebenso rigoros durchforstete, wie er es bei den hermetischen Schriften getan hatte.

In dieser Geschichte von beträchtlicher *longue durée* scheint das, was gleich bleibt, fast ebenso beeindruckend wie das, was sich verändert. Die Annahmen der Kritiker mögen sich in einigem verändert haben, die Grundtechniken, mit denen sie heute eine Fälschung entlarven und herauszufinden suchen, wie und warum sie funktioniert, wären Casaubon, vielleicht sogar Porphyrios völlig vertraut gewesen. Ihre Grundmethode ist, ganz schlicht, der systematische Vergleich. Die Schlußfolgerungen sind korrekt und unwiderlegbar, solange sie auf gültigen Parallelen beruhen (eine starke Parallele ist in all diesen Fällen unendlich viel schlagkräftiger als beliebig viele schwache). Und sie irren sich in aller Regel aus eben den Gründen, um derentwillen sie ursprünglich Echtheitskritiker geworden waren: weil sie Beweise für eine umfassendere These finden wollen, die ihrem Wesen nach philosophisch oder theologisch und nicht philologisch oder historisch ist, – oder weil sie eine philologische oder historische Sache unterstützen wollen, die ihrerseits auf blindlings akzeptierten Annahmen statt auf überprüfbaren Zeugnissen beruht. Auf seine Weise war Reitzenstein ein ebenso parteiischer Leser und Kritiker wie Porphyrios oder Casaubon.

Die Argumente der Kritiker – antike, moderne, neuzeitliche – hängen organisch zusammen. Sie gehören zu einer fortlaufenden Tradition, die im klassischen Griechenland begann. Als Richard Bentley mit Hilfe von Anachronismen der Sprache und des Inhalts die Inauthentizität der Phalaris zugeschriebenen Briefe bewies, veralberte einer seiner vielen Gegner etwas, was ihm als neuartige und lächerliche Prozedur erschien: »Er kennt das Alter eines jeden griechischen Wortes, auch wenn es nicht im griechischen Testament steht, und er kann Euch sagen, wann ein Mann gelebt hat, indem er bloß eine Seite seines Buches liest, so leicht, wie ich das Schicksal einer Austernverkäuferin vorhersagen könnte, legte man mir ein Silberstück auf die Hand.«[45] So machte sich der verstorbene Astrologe William Lilly in einem von William King verfaßten Gespräch unter Toten über Bentley lustig. Doch wie wir sahen, war die historische Verwendung von Sprache zur Datierung eines Dokumentes – und sogar zur Vernichtung seiner Reputation – nicht Bentleys Erfindung, sondern gehörte zur Tradition der altphilologischen Forschung. Die höhere Kritik ist, kurz gesagt, immer sowohl Gegenstand als auch Hilfsmittel eines jeden Versuchs gewesen, die Antike neu zu beleben.

1. Siehe im allgemeinen, A. Grafton, »Polyhistor into *Philolog*: Notes on the Transformation of German Classical Scholarship, 1780–1850«, *History of Universities*, 3, 1983 (1984), S. 159–192.

2. W. Speyer, *Die literarische Fälschung im heidnischen und christlichen Altertum*, München 1971; vgl. E. J. Bickmanns Kritik an Speyer, »Faux littéraires dans l'antiquité classique. En marge d'un livre récent«, in *Rivista di filologia e di istruzione classica*, 101, 1973, S. 23.

3. J. Kraye, »Daniel Heinsius and the Author of *De Mundo*«, in *The Uses of Greek and Latin. Historical Essays*, hg. von A. C. Dionisotti u. a., London 1988, S. 171–197.

4. A. D. Momigliano, »Ancient History and the Antiquarian«, *Studies in Historiography*, London 1966, S. 1–39; L. Gossman, *Medievalism and the Ideologies of the Enlightment*, Baltimore 1968; J. Levine, *Doctor Woodward's Shield*, Berkeley 1977; C. O. Brink, *English Classical Scholarship*, Cambridge und New York 1986, S. 133–138.

5. A. Grafton, »Sleuths and Analysts«, *TLS*, 8. August 1986, S. 867 f.; R. Bentley, *Epistola ad Joannem Millium*, hg. von G. P. Goold, Toronto 1962, S. 31, 35.

6. J. J. Scaliger, *Epistolae omnes quae reperiri potuerunt*, hg. von D. Heinsius, Leiden 1627, S. 303 f. Eine lehrreiche Fallstudie der neuzeitlichen Wissenschaft auf diesem Gebiet ist H. J. de Jonge, »Die Patriarchentestamente von Roger Bacon bis Richard Simon«, in *Studies on the Testaments of the Twelve Patriarchs*, hg. von M. de Jonge, Leiden 1975. Siehe auch A. Taylor und F. J. Mosher, *The Bibliographical History of Anonyma and Pseudepigrapha*, Chicago 1951.

7. Scaliger, *Epistolae*, S. 117 f., 826. Siehe J. H. Meter, *The Literary Theories of Daniel Heinsius*, Assen 1984, S. 19–21.

8. Zu Porphyrios im allgemeinen vgl. J. Geffcken, *The Last Days of Greco-Roman Paganism*, übers. v. S. MacCormack, Amsterdam 1978, S. 56–81; R. L. Wilken, *The Christians as the Romans Saw Them*, New Haven und London, 1984, Kap. 6.

9. I. Causabon, *Ephemerides*, hg. von J. Russell, Oxford 1850, I, S. 4.

10. Das Standardwerk über Casaubon ist nach wie vor M. Pattison, *Isaac Casaubon, 1559–1614*, 2. Aufl., Oxford 1892. Zu seinem Werk als Gelehrten, siehe J. Glucker, »Causabon's Aristotle«, *Classica et Medievalia*, 25, 1964, S. 274–296.

11. Siehe im allgemeinen, *Die Religion in Geschichte und Gegenwart*, 3. Aufl., s. n. Reitzenstein, Richard, von C. Colpe; siehe auch A. F. Verheule, *Wilhelm Bousset*, Amsterdam 1973.

12. Eusebios, *Praeparatio evangelica*, 10.3.

13. Augustinus, *Ep.* 102; vgl. Wilken, *Christians*, S. 143.

14. Porphyrios, *›Gegen die Christen‹. 15 Bücher: Zeugnisse, Fragmente und Referate*, hg. von A. v. Harnack, *Abhandlungen der Königlich Preussischen Akademie der Wissenschaften*, phil-hist. Kl., 1916, S. 67 f., Frag. 43, vom *prologus* zu Hieronymus' Kommentar über Daniel.

15. Ibid. Eine Erörterung von Porphyrios' Verwendung der syrisch-christlichen Überlieferungen bei P. M. Casey, »Porphyry and the Origin of the Book of Daniel«, in *Journal of Theological Studies*, n. s., 27, 1976, S. 15–33, vgl. auch Wilken, *Christians*, Kap. 6.

16. Siehe auch W. Den Boer, »A Pagan Historian and his Enemies: Porphyry Against the Christians«, in *Classical Philology*, 69, 1974, S. 198–208; B. Croke, »Porphyry's Anti-Christian Chronology«, in *Journal of Theological Studies*, n. s., 34, 1983, S. 168 f.

17. Diogenes Laertios, *De vitis. dogm. et apophth. clarorum philosophorum. libri x*, hg. von I. Casaubon, 2. Aufl., Genf 1593, *Notae*, 9.

18. Casaubon, handschriftliche Notiz in seinem Exemplar von H. Estiennes *Poetae Graeci*, Genf 1566, jetzt Cambridge University Library Adv. a. 3.3, I, S. 726.

19. *Historiae Augustae Scriptores sex*, hg. von I. Casaubon, Paris 1603, *Emendationes ac Notae*, S. 3 f.; *Prolegomena*, sig. e ii verso.

20. *Theophrasti Notationes morum*, hg. von I. Casaubon, Lyon 1617, S. 83–86; *B. Gregorii Nysseni ad Eustathiam, Ambrosiam et Basilissam epistola*, hg. von I. Casaubon, Paris 1606, ep. ded. und S. 91.

21. Estiennes Ausführungen zur Diktion des Textes in *Poetae Graeci*, II, S. 488; von Casaubon unterstrichen.

22. Siehe J. P. Mahé, *Hermès en Haute-Égypte*, Quebec 1978–82, II, S. 11–13; J. Duchesne-Guillemin, *The Western Response to Zoroaster*, Oxford 1958, S. 70, 73, 96 f.; G. Fowden, *The Egyptian Hermes*, Cambridge 1986, S. xiv; W. C. Greese, *Corpus Hermeticum XIII and Early Christian Literature*, Leiden 1979, S. 34–58.

23. E. Reitzenstein, *Die Hellenistischen Mysterienreligionen*, 3. Aufl., Berlin und Leipzig 1927, S. 64.

24. Porphyrios, *Vita Plotini*, 16; *Plotinus*, hg. und übers. von A. Armstrong, Cambridge, Mass. 1966, I, S. 44 f.

25. Vgl. im allgemeinen G. Cozzi, *Paolo Sarpi tra Venezia e l'Europa*, Turin 1979, S. 3–133.

26. Reitzenstein, *Mysterienreligionen*, S. 423 f.

27. Siehe im allgemeinen Fowden, *The Egyptian Hermes*.

28. Die erste Ausgabe erschien 1471 in Treviso; vgl. E. Garin, *Ermetismo del Rinascimento*, Rom 1988 und M. J. B. Allen, »Marsile Ficin, Hermès et le Corpus Hermeticum«, in: *Présence d'Hermès Trismégiste*, Paris 1988, S. 110–119.

29. P. Crinito, *De honesta disciplina*, hg. von C. Angeleri, Rom 1955; J. Lipsius, *Epistolarum selectarum centuria prima miscellanea*, Antwerpen 1605, S. 117, Brief 99.

30. Iamblichos, *De mysteriis*, 8.4 Siehe im allgemeinen: Fowden, *The Egyptian Hermes*.

31. I. Casaubon, *De rebus sacris et ecclesiasticis exercitationes xvi*, Genf 1663, S. 79.

32. Ebd.

33. Ebd., S. 72.

34. Ebd., S. 79.

35. Siehe A. Grafton, »Protestant versus Prophet: Isaac Casaubon on Hermes Trismegistus«, in *Journal of the Warburg and Courtauld Institutes*, 46, 1983, S. 87 f. Dieser Aufsatz beschreibt die Angelegenheit in größerem Detail und enthält alle wichtigen Kommentare, die Casaubon in seinem Exemplar des *Corpus* gemacht hat (jetzt: British Library 491.d.14).

36. Reitzenstein, *Mysterienreligionen*, Beilage xv.

37. Siehe Grafton, »Protestant versus Prophet«, S. 86.

38. Casaubon, *Exercitationes*, S. 66.

39. Duchesne-Guillemin, *Western Reponses to Zoroaster*, S. 10 f.

40. *Sibyllina Oracula*, hg. von J. Opsopoeus, Paris 1599, praefatio.

41. Cicero, *De divinatione*, 2.54.110–2.

42. A. I. Baumgarten, *The Phoenician History of Philo of Byblos*, Leiden 1981, insb. S. 41; Baumgarten meint, Porphyrios habe einen Gutteil vermutlich selbst erfunden (vgl. z. B. S. 55).

43. Eusebios, *Praeparatio evangelica*, 4.5, nach Giffords Übersetzung in Wilken, *Christians*, S. 150; Porphyrios, *De philosophia ex oraculis haurienda librorum reliquiae*, hg. von G. Wolff, Berlin 1856, Nachdruck Hildesheim 1962, S. 109. Auch Porphyrios' – nur auf arabisch erhaltener – Bericht der Überlieferung der 280 authentischen Bücher ist phantasievoll; vgl. Pauly-Wissowa, Supplementband X, s. n. Pythagoras, von B. L. van der Waerden, und N. Brox, *Falsche Verfasserangaben*, Stuttgart 1975, S. 66 f.; er beschreibt eine kleine Schar von Weisen, die sie in Italien gesammelt und bewahrt hatten – genau die Art von Ursprungsgeschichte, die er hätte entlarven können, wenn er nur gewollt hätte.

44. Bodleiana MS Casaubon 60. Ein anderes hübsches Beispiel von Motivation für eine Kritik aus theologischen, statt philologischen Erwägungen sind die Angriffe jüdischer Gelehrte des 16. und 17. Jahrhunderts gegen die Kabbala. Einige von ihnen argumentierten elegant, die angeblich uralte Schrift müsse in Wirklichkeit neueren Datums sein, weil sie den Einfluß des Neuplatonismus erkennen lasse. Siehe M. Idel, »Differing Conceptions of Kabbalah in the early 17th Century«, in *Jewish Thought in the Seventeenth Century*, hg. von I. Twersky u. a., Cambridge Mass. und London 1987, S. 137–200; Idel, *Kabbalah: New Perspectives*, New Haven und London 1988, S. 2 f.; zu diesem Beispiel des Eindringens humanistischer Methoden in ein neues Umfeld. Und doch hat mindestens ein Kritiker, Leon Modena, den *Sohar* nicht nur angezweifelt, weil er darin eine Fälschung sah, sondern weil die Kabbalisten ihn mit ihren

Angriffen auf Maimonides geärgert hatten: *The Autobiography of a Seventeenth-Century Venetian Rabbi,* übers. und hg. von M. R. Cohen, Princeton 1988, S. 153.

45. W. King, *Dialogues of the Dead,* vii: ›Chronology‹, in *A Miscellany of the Wits,* hg. von K. N. Colville, London 1920, S. 61 f.

Von der Fälschung zur Kritik: Techniken der Metamorphose, Metamorphose der Techniken

Joseph Scaliger traf im Laufe seines langen und erfolgreichen Lebens zwei übernatürliche Wesen. Das eine war ein schwarzer Mann auf einem Pferd, den sah er, als er mit Freunden am Moor entlangfuhr. Von dem anderen, ein Ungeheuer namens Oannes mit Fischkörper und Menschenstimme, las er nur. Doch wie so häufig in der Renaissance, hatte die Begegnung mit der Kunst sehr viel weiterreichende Folgen als die mit dem Leben. Der schwarze Mann versuchte, Scaliger in den Sumpf zu locken, scheiterte und verschwand, was den zurückbleibenden Scaliger in seiner Verachtung für den Teufel und sein Wirken nur bestätigte: »Mein Vater fürchtete den Teufel nicht, und ich fürchte ihn auch nicht. Ich bin schlimmer als der Teufel.«[1] Oannes kletterte in dem Buch, das Scaliger las, aus dem Meer und unterrichtete die Menschheit in den Künsten und den Wissenschaften. *Teufel Versucht Mensch* war in der Renaissance keine Schlagzeile, die das Interesse der Öffentlichkeit erregt hätte; *Amphibie Erschafft Kultur* jedoch war wirklich überaus ungewöhnlich.

Der Fisch, der uns die Zivilisation brachte, taucht am Anfang einer Wiedergabe der babylonischen Mythologie und Geschichte auf, zu Beginn des dritten vorchristlichen Jahrhunderts verfaßt von Berosos, Priester von Bel. Berosos bezog sich auf echte babylonische Unterlagen, schrieb aber, zum Nutzen des seleukidischen Königs Antiochus I. Soter, auf Griechisch. Wie so viele andere Verfasser des Nahen Ostens versuchte auch er, auf dem Terrain des Archivs eine Niederlage auf dem Schlachtfeld zu rächen und mit Dokumenten und Inschriften zu beweisen, daß Babylon älter und weiser sei als Griechenland. Anders als bei manch anderen, basierte seine Darstellung der Götter und der Vergangenheit auf echten religiösen Überlieferungen. Jüdische und christliche Verfasser hüteten seine *Babyloniaca*.[2] Bei einem von ihnen, in Georg Syncellus' (ca. 800 n. Chr.) unveröffentlichter Weltchronik nämlich, traf Scaliger im Jahre 1602/03 auf Berosos und seinen dubiosen Fisch.

Das Bemerkenswerteste an dieser Begegnung war Scaligers Reaktion. Als guter Calvinist waren ihm antike Götter des Nahen Ostens ein Greuel, die Prahlereien hellenisierter Orientalen über das hohe Alter ihrer Kultur nichts als Einbildung. Als guter Gelehrter wußte Scaliger zudem, daß der Name Berosos nicht sehr vertrauenerweckend war. Während seiner gesamten Laufbahn als Geschichtsschreiber und Chronist, die 1583 mit der Veröffentlichung seiner bedeutenden Abhandlung *De emendatione temporum* (Über die Korrektur der Chronologie) begann, hatte Scaliger zu den schärfsten Kritikern von Nannis Fälschungen gehört – und in deren Mittelpunkt stand eine Berosos zugeschriebene Weltgeschichte. Scaliger beklagte sich bitterlich, daß »in der Chronologie noch immer jeder [Nanni] folgt« und spickte seine Abhandlungen mit gehässigen Bemerkungen über das »deliramenta« des Dominikaners.[3] Gleichwohl zeigte er in diesem Fall ein höfliches Interesse an etwas, das er mit ausreichenden Gründen als verrückte Fälschungen hätte verwerfen können. In seinen ersten Notizen zur Oannes-Geschichte vermerkte er nur, in einer anderen Darstellung trage das gleiche Geschöpf den Namen Oes, und er notierte noch eine Bemerkung über Berosos selbst, die von dem frühchristlichen Verfasser Tatian stammte.[4] Als er sein letztes großes Werk über die Weltgeschichte schrieb, den *Thesaurus temporum* von 1606, nahm er alles auf, was er über Berosos hatte finden können, datierte das Material so präzise wie möglich und brüstete sich seiner Verdienste, die zuvor unbekannten Schriften gesammelt zu haben.[5] Er merkte nicht einmal an – wie Casaubon es in seinen Notizen zur gleichen handschriftlichen Chronik milde tat –, daß »die Natur eines gewissen Tieres, *Oannes*, besonders wunderlich ist (*in primis mira*).«[6] Stattdessen verteidigte Scaliger Berosos' Werk – wie das von Manethon, den er ebenfalls wiederentdeckt und veröffentlicht hatte – als echte Historiographie des Nahen Ostens, deren frühe Abschnitte tatsächlich »fabelartig« seien, die aber bewahrt werden sollte, und zwar um der rechten »Achtung für die Antike« willen, die Livius für die fabelartigen Überlieferungen über das frühe Rom hatte erkennen lassen, und weil »die wahren Berichte der dazwischen liegenden Zeiten direkt damit verbunden sind«.[7] Damit unterbreitete er – wie wir heute wissen – der modernen Welt die ersten echten, ausführlichen Arbeiten des antiken Orients, Werke, die der abendländischen Tradition so fremd sind, daß sie bis zu der Entdeckung und Entzifferung paralleler Berichte in Keilschrift, mehr als zweihundert Jahre später, kaum zu interpretieren waren.

Scaligers divinatorische Meisterleistung – seine Fähigkeit, sich von Vorurteilen zu befreien, die für seine Zeit und seinen Ort normal waren, und zu erkennen, daß seine nahöstlichen Fragmente unverständlich, aber unanfechtbar waren – bezeichnete fraglos eine dramatisch neue Stufe in der Entwicklung der höheren Kritik. Und die Historiker neigten dazu, es als genau das zu behandeln: als Kulminationspunkt der Entwicklungen des fünfzehnten und sechzehnten Jahrhunderts, die am Ende in einer neuerlich erfolgreichen Echtheitskritik mündeten. Kurz gesagt, man stellte die

Renaissance ebenso wie die hellenistische Zeit und das frühe neunzehnte Jahrhundert als Schauplatz einer wissenschaftlichen Revolution dar. Die Humanisten der Frührenaissance prüften und verwarfen viele Fälschungen. Die Theologen und Rechtsgelehrten um die Mitte des sechzehnten Jahrhunderts, wie Melchior Cano und Jean Bodin, sahen sich mit einem viel breiteren Spektrum angeblich autoritativer Schriften und mit noch mehr drängenden religiösen und politischen Fragen konfrontiert. Daher ersannen sie auch energischere Lösungen. Nicht nur mußten sie den Kanon von Fälschungen befreien, sie mußten auch die Glaubwürdigkeit seiner echten Teile abwägen. Cano und Bodin machten sich die isolierten, aber zutreffenden Erkenntnisse der Humanisten zu eigen und versuchten, sie zu der Kunst zu verbinden, Zeugnisse der Vergangenheit zu lesen und zu bewerten. Sie erarbeiteten keine empirischen Fallstudien, sondern universell anwendbare Regeln zur Auswertung von Quellenmaterial – Regeln, die mit Bodins kraftvollem, populärem und polemischem Werk über *Eine einfache Methode, Geschichtswissen zu erlangen* (Methodus ad facilem historiarum cognitionem, 1566)[8] ein breites Publikum erreichten. Wenn wenig später Gelehrte wie Estienne, Scaliger und Casaubon die Werke der Klassik von Imitaten und Pseudepigrapha säuberten, dann vermutlich, indem sie diese Regeln konsequent auf viele verschiedene Schriften anwandten. Das heraufbeschworene Bild ist das eines Zuges, in dem Griechen neben Römern, echte neben falschen Autoritäten sitzen, bis er eine Station erreicht, die »Renaissance« heißt. Dort steigen grimmig blickende Humanisten zu, überprüfen die Fahrkarten und scheuchen Betrüger hordenweise durch Türen und Fenster hinaus. Deren neuer Bestimmungsort ist natürlich Vergessenheit – der Schrottplatz, auf den *Die Geschichte* und *Der Humanismus* alle Fälschungen verbannen. An Bord bleiben nur Humanisten und die echten Klassiker, die zu guter Letzt Teil des Kanons werden dürfen.

Diese Vision geht davon aus, daß die Echtheitskritik der Humanisten sowohl neu als auch modern war. Mehr als zwei Jahrhunderte nach der Renaissance – als Karl Otfried Müller auf eine griechische Darstellung der phönizischen Antike traf, die ein junger Mann namens Wagenfeld gefälscht hatte und die vorgab, auf einer portugiesischen Handschrift zu basieren, die auf rätselhafte Weise verschwunden war (und die der Orientalist Grotefend akzeptierte) – brauchte er nur die Prüfsteine der Humanisten anzuwenden, um die Aura von Authentizität zu zerstreuen. Philon von Byblos mißverstand und widersprach in Wagenfelds Text den Fragmenten seines eigenen Werkes, das Eusebios bewahrt hatte (übernahm allerdings getreulich die Satzfehler in Orellis Ausgabe der *Praeparatio Evangelica*). Es unterliefen ihm zahlreiche unwahrscheinliche Grammatik- und Syntaxfehler, große wie kleine (»Auch im Gebrauche der Partikeln ist manche Unrichtigkeit zu bemerken«). Und er glaubte an die Götter (obwohl er in Wirklichkeit Atheist war). Müller ging lediglich in seiner Sympathie für die Fälschung als Kunstwerk über die Humanisten hinaus. Er lobte Wagenfelds Geist und Phantasie, die brillante Begabung, mit der er »den Geist der antiken, griechisch-orientalischen Geschichtsschreibung« eingefangen habe.[9] In jeder anderen Hinsicht aber tat er nur, was humanistisch zu tun war.

Die neuere Forschung zu Fälschungen aber hat in dieser bedrückend gradlinigen Sicht der Dinge eine faszinierende Kurve entdeckt. Werner Goez meinte, frühere Historiker hätten in ihrer Darstellung der Reise der Alten nicht nur eine wichtige, sondern die entscheidende Wegstation übersprungen. Nanni, schreibt er, schuf nicht nur Texte, er schuf auch ebenso allgemeine wie plausible Regeln für die Auswahl von Texten. Diese Regeln wurden ihrerseits zur Grundlage aller späteren systematischen Überlegungen zur Auswahl und Auswertung von Quellen. Einige Theoretiker um die Mitte des sechzehnten Jahrhunderts, Melchior Cano zum Beispiel, verwarfen Nanni und all seine Werke; andere, wie Jean Bodin, akzeptierten sie. Alle aber entwickelten ihre interpretativen Theorien als unmittelbare Reaktion auf die Herausforderung, die er bedeutete. Und so erweist sich, daß ein Fälscher der erste wirklich moderne Theoretiker zur kritischen Interpretation von Historikern ist – ein Paradox, für das nur ein Herz aus Stein unzugänglich bliebe.[10] Neuere Untersuchungen von Walter Stephens und Christopher Ligota haben unseren Respekt für Nannis differenziertes Feingefühl bei den methodologischen Problemen seiner Textauswahl ebenso vergrößert wie für die vielen fruchtbaren Andeutungen, in denen er sich ergeht, wenn er die Verwendung seiner Fälschungen rechtfertigt.[11] Scaliger konnte erkennen, daß sein Berosos echt war; aber schuldete er vielleicht sein Einsichtsvermögen zum großen Teil dem Erfinder des falschen Berosos, den er verachtete?

Nanni wollte die griechischen Historiographen nicht ergänzen, sondern ersetzen. Als guter Dominikaner wußte er, daß eine überzeugende Beweisführung auf unanfechtbaren allgemeinen Grundsätzen beruhen mußte. Daher schmuggelte er sowohl in seine gefälschten Schriften wie auch in seine Kommentare explizite, stimmige Richtlinien zur Auswahl zuverlässiger Quellen ein. Metasthenes, einer seiner »Autoren«, benennt sie unumwunden: »Wer eine Chronologie schreibt, darf dies nicht auf der Grundlage von Hörensagen und Glauben tun. Denn schreibt er sie, wie die Griechen, nach Glauben, wird er sich und andere betrügen, und ihr Leben wird dem Irrtum anheimfallen. Doch der Irrtum wird vermieden, wenn wir nur den Annalen der beiden Königreiche folgen und alles andere als Fabel verwerfen. Denn diese enthalten Daten, Könige und Namen, so klar und wahr geschrieben, wie ihre Könige ruhmreich herrschten. Aber wir dürfen nicht allen glauben, die über diese Könige schreiben, sondern nur Priestern des Königreiches wie Berosos, deren Annalen öffentliche und unangefochtene Autorität genießen. Denn dieser Chaldäer hat die gesamte assyrische Geschichte auf den Annalen der Alten basierend dargestellt, und wir Perser folgen ihm allein, oder ihm vor allem.«[12]

Nannis Kommentar führte Metasthenes weiter aus. Er beschrieb die antiken Priester als »publici notarii rerum gestarum et temporum«, »öffentliche Chronisten von Ereignissen und Daten«, deren Aufzeichnungen ebenso uneingeschränkt Glauben verdienten wie die notariellen Dokumente in einem modernen Archiv. Und seine anderen Verfasser wiederholten diese Richtlinien und schmückten sie aus. Nachdem sich der Leser durch Myrsilos, Berosos und Philon durchgearbeitet hatte, wußte er, daß jede der vier Monarchien, die assyrische, persische, griechische und römische, eine eigene Priesterkaste besessen und eigene heilige Annalen hervorgebracht hatte.[13] Nur Geschichtswerke, die darauf basierten, seien vertrauenswürdig; und ein Geschichtsschreiber verdient nur für jene Abschnitte Vertrauen, in denen er sich auf diese beglaubigten Aufzeichnungen stützt. So muß man den Griechen Ktesias »für die persische Geschichte akzeptieren und für die assyrische verwerfen«, da seine Darstellung der ersteren auf persischen Archiven gegründet (in Wahrheit hatte er sie natürlich erfunden . . .) und er letztere erdichtet habe.[14] Die normalen griechischen Geschichtsschreiber verdienten nichts als Verachtung.

Diese Prinzipien scheinen in der Tat das Ergebnis des visionären Versuchs, *res gestae*, Geschichte als Aufzeichnung von Ereignissen, von *historia*, Geschichte als dem literarischen Werk eines Einzelnen zu trennen. Und sie bezeichnen fraglos einen Versuch, die empirische, fallorientierte Praxis der frühen Humanisten durch eine allgemeine Theorie zu ersetzen. Aber wie Stephens minutiös aufgezeigt hat, waren diese Prinzipien ihrem Wesen nach ebenso traditionell wie ihr Inhalt überzeugend schien.[15] In seinen letzten Lebensjahren schrieb der jüdische Historiograph und ehrliche Verräter Josephus ein polemisches, zweibändiges Werk gegen den Grammatiker Apion, der die Juden verunglimpft hatte. Darin betont Josephus, wie seine hellenistischen Vorgänger, verschiedentlich die Jugend der griechischen und das hohe Alter der jüdischen Kultur. Und um seiner Auffassung den nötigen Nachdruck zu verleihen, betonte er, die jüdischen und orientalischen Schriften, die er zitiere, basierten nicht auf der Meinung Einzelner, sondern auf Archivdokumenten, die eine Priesterkaste aufgezeichnet habe: »Ägypter, Chaldäer und Phönizier (von uns selbst zu schweigen) besitzen nach eigenen Angaben Geschichtszeugnisse, die in einer Tradition von ungewöhnlich hohem Alter und Kontinuität wurzeln. Diese Völker leben alle an Orten, wo das Klima wenig Zerfall verursacht, und sie achten darauf, nicht eine ihrer historischen Erfahrungen aus der Erinnerung entschwinden zu lassen. Im Gegenteil, sie pflegen sie andächtig in öffentlichen Aufzeichnungen ihrer fähigsten Gelehrten. In der griechischen Welt jedoch wurde die Erinnerung an Vergangenes ausgelöscht.«[16]

An anderer Stelle lobte Josephus Berosos dafür, »den ältesten Aufzeichnungen gefolgt zu sein«, die Thyrrhener dafür, sorgfältig »öffentliche Aufzeichnungen« geführt zu haben und die Ägypter, weil sie die Pflege ihrer Aufzeichnungen ihren Priestern anvertraut hatten.[17] Und wenn das *Contra Apionem*, seit Cassiodorus Zeiten in Lateinisch verfügbar, im Mittelalter kaum gelesen wurde, so zog Nanni es ganz sicher sehr eifrig heran – in einer Neuausgabe des fünfzehnten Jahrhunderts, die ihm eine immense neue Geltung verlieh. In seinem Kommentar zu Metasthenes legt Nanni – *more suo* – sogar seine Quelle offen. Er erklärt, »Josephus verwandte Metasthenes' Richtlinien, um überzeugende Beweise anzuführen« gegen die griechische Auffassung vom Ursprung des griechischen Alphabets.[18]

Nannis Regeln waren also nicht seine eigene Erfindung. Inhaltlich waren sie eine klassische Neubelebung, über weite Strecken eine Neuformulierung des zum Teil gerechtfertigten nahöstlichen Stolzes auf beträchtliche Langlebigkeit und genaue Aufzeichnungen, aus dem sich ein Gutteil des Widerstandes gegen die Hellenisierung und gegen Rom speiste – der seinerseits zum Auslöser für so viele Fälschungen wurde. Formal stülpten sie die juristischen und notariellen Usancen aus Nannis Tagen, die auf die korrekte Form von Dokumenten und deren öffentliche Beglaubigung Wert legten, der von ihm erfundenen Antike über. Die Ursprünge der modernen historischen Hermeneutik finden wir nicht nur in Nannis Regeln.

Wie steht es nun mit den Methodologen, die Nanni folgten, jene Intellektuelle von sehr unterschiedlicher Herkunft und sehr unterschiedlichem Wesen – vom spanischen Dominikaner Melchior Cano bis zum irenischen Rechtsgelehrten François Baudouin – die sich zwei Generationen später mit den gleichen theoretischen und praktischen Problemen befaßten, und deren Werke zu Scaligers Jugendzeit eine gängige, verbreitete Lektüre waren? Alle brauchten Orientierungen angesichts von Kirchen, die an Fragen des Dogmas zerbrachen, Königreichen, die an zahlreichen gesellschaftlichen und religiösen Bruchlinien auseinanderfielen, Familien, die durch religiöse wie politische Fragen entzweit wurden. Und alle stimmten darin überein, daß der beglaubigte Kanon antiker Werke, biblisch wie klassisch, das Heilmittel bieten müsse, um die Risse in Kirche und Staat zu kitten und die europäische Entwicklung in Richtung auf Religions- und Bürgerkriege zu stoppen. Eine Interpretation drängte; aber wie die Reformation deutlich zeigte, brachte Interpretation ohne Richtlinien nichts als Chaos. So sah die Jahrhundertmitte ein heftiges Streben, die Lektüre der Alten neu zu denken und neu zu regeln – vor allem bei Historikern, jenen vorzüglichen Führern auf dem Gebiet des praktischen Handelns der Gegenwart. Welche Quellen sind was? Diese schlichte Frage loderte und beflügelte zwei Jahrzehnte lang. Könnte es sein, daß diese späteren Schriften – und nicht Nannis *Antiquitates* – das Umfeld waren, in dem sich die Regeln einer typisch modernen Echtheitskritik ausbildeten?[19]

In Wirklichkeit hatten, wie wir sehen werden, diese neuen Regeln sehr viel mit Nannis alten zu tun. Dem falschen Berosos und seinen Gefährten war im sechzehnten Jahrhundert ein lebhaftes und produktives Nachleben beschieden, und die kritischen Gedanken, die er dabei entwickelt hatte, blieben lange Zeit relevant und attraktiv. Wir können mit Postel beginnen, einem sonderbaren Mann, halb Visionär, halb Philologe, der sein religiöses Leben in einem frühen Jesuitenorden begann und als gebildeter, harmloser Verrückter in einem französischen Kloster endete – auf ehrbare Weise eingesperrt. Postel war ein echter Gelehrter, der gut genug Griechisch konnte, um eine bahnbrechende Untersuchung über die Institutionen Athens zu verfassen, und der Hebräisch und andere östliche Sprachen fließend beherrschte. Doch er pflegte Voreingenommenheiten, die stärker waren als seine Gelehrsamkeit. Für ihn waren die klassischen Kulturen Griechenlands und Roms Perversionen einer früheren, nahöstlichen Offenbarungslehre, die zu seiner eigenen Zeit am besten den tugendhaften Galliern anvertraut werden sollte; er verdammte Romulus als Nachkomme von Ham, der die tugendhaften Gesetze und Riten hatte ausrotten wollen, die Noah, alias Janus, in Italien eingeführt hatte.[20] Er wußte, daß einige an der Authentizität von Berosos und den anderen zweifelten, er aber hielt standfest dagegen und akzeptierte die Schriften und die metasthenischen Regeln: »Obwohl der Chaldäer Berosos in Fragmenten überdauert hat und er von Atheisten und den Feinden Moses nicht geschätzt wird, erkennen ihn zahllose Männer und Verfasser an, die in jeder Sprache und auf jedem Wissensgebiet bewandert sind. Ich gewähre ihm daher das Vertrauen, das jedem wahrhaftigen Verfasser gebührt.«[21] Am anderen Ende des Spektrums finden wir Baudouin, der 1560 sein Erstaunen darüber äußerte, daß so viele seiner Zeitgenossen Berosos' »farrago« mit seinen vielen offensichtlichen Unwahrheiten für echt hielten.[22] Einerseits uneingeschränktes Vertrauen und Verehrung, andererseits der Ekel des Gärtners beim Anblick einer giftigen Spinne; und wie zu erwarten, gab es für keine der beiden Positionen differenzierte Beweise.

Zwischen den Extremen werden die Positionen differenzierter und die stützenden Argumente – oder zumindest die stützenden Auffassungen – subtiler. Auf der Seite der Gläubigen finden wir John Caius von Cambridge – wie viele Medizinschriftsteller des sechzehnten Jahrhunderts ein begabter Hellenist, mit einem ausgeprägten Interesse an Fragen verschollener und unauthentischer Medizinschriften der Antike. In den sechziger Jahren seines Jahrhunderts geriet er mit Thomas Caius von Oxford in Streit über das Alter ihrer beiden Universitäten. In dem Bemühen, das beträchtliche Alter der höheren Bildung in England zu beweisen, zitierte er ausführlich Berosos über die Giganten Sarron, Druys usw., die etwa im Jahre 1829 nach der Schöpfung, also knapp 150 Jahre nach der Sintflut, in England und Gallien die öffentlichen Bildungsinstitutionen begründet hatten. Doch trotz seines offenkundigen Glaubens an den gelehrten Sarronidae und an Berosos »antiquae memoriae scriptor«, wies er doch darauf hin, daß nicht die Giganten Cambridge gründeten – das geschah später – und, noch wichtiger, daß die Giganten nicht so genannt wurden, weil sie riesengroß, sondern weil sie Eingeborene, *gegeneis*, gewesen seien. Selbst wenn einige, wie Polyphemus und Gogmagog, eine beachtliche Größe erreichten, waren allgemein gesprochen »Giganten, wie der moderne Mensch, von unterschiedlicher Größe«, wenn auch die Natur in jenen reineren Tagen stärkere und größere Nachkommen hervorbrachte. Indem er Berosos nur für diese sehr frühe Epoche heranzog, einige seiner eher bizarren Ideen rationalisierte und auf seinen Glauben vertraute, konnte Caius es vermeiden, auf Mythen, die seine eigene Auffassung bekräftigten, jene scharfe philologische Kritik anwenden zu müssen, mit denen er sich klassischen Medizinschriften und Oxford-Mythen über die akademischen Wohltaten von König Arthur näherte.[23] Und eine ähnliche Haltung – Mißtrauen vermischt mit Unwillen, ein solch reichhaltiges Material verloren zu geben – prägt auch andere – so den Geschichtsschreiber Sleidanus, den Geschichtstheoretiker Chytraeus, und möglicherweise Caius' jüngeren Oxford-Zeitgenossen Henry Savile.[24]

Auf der Seite der Kritik finden wir einige Verfasser – wie den Theologen Cano, den portugiesischen Gelehrten Gasper Barreiros und den florentinischen Altertumsforscher Vincenzo Borghini – die Daten für den Nachweis zusammentrugen, daß die Nanni-Schriften unecht sind. In seinen ausführlichsten antiken Quellen fanden sie schon bald reichlich Beweise für seine Fehler. Bei Josephus bestritt Berosos ausdrücklich die griechische Darstellung, nach der Semiramis Babylon von einem kleinen Ort zu einer großen Stadt gemacht habe; Nannis Berosos bestätigt sie. Josephus' Berosos hat drei, Nannis fünf Bücher geschrieben.[25] Und Josephus' Berosos wußte stets nur von Geschehnissen von seiner eigenen Zeit, während er bei Nanni die Gründung Lugdunums erwähnte, die zweihundert Jahre nach seinem Tod stattfand.[26] Diese Kritiker beschränkten sich nicht darauf, auf Patzer in Struktur und Detail hinzuweisen. Sie zeigten auch auf, daß Berosos eine für seine Zeit und seinen geographischen Ort völlig falsche Geschichte schrieb. Schon die Griechen seiner Zeit wußten nichts von westlichen Ländern wie Spanien; wie konnte Berosos, noch weiter östlich als sie, mehr wissen?[27] Und was die »Annalen« der Griechen und Römer anging, so wies Cano in einem brillanten historiographischen Aufsatz nach, daß sie keine hatten. Josephus, Nannis Hauptquelle, bestritt, daß die Griechen offizielle öffentliche Geschichtsschreiber hatten. Und Livius, die Hauptquelle für römische Frühgeschichte, bewies durch sein spärliches Zitieren öffentlicher Aufzeichnungen sowie seine vielen Fehler und Unschlüssigkeiten, daß »in den Bibliotheken und den Tempeln der Götter keine öffentlichen Annalen existierten«. Canos' Schluß war unerbittlich: »Wer sagt, daß es in den griechischen und römischen Monarchien öffentliche Annalen gab, mit denen andere Geschichtswerke verglichen werden müssen, sagt nichts ... Denn es ist bewiesen, daß es weder in Griechenland noch in Rom öffentliche Annalen gab. Folglich gab es auch keine Autoren, die Taten oder Epochen in Übereinstimmung mit diesen griechischen und römischen Annalen beschrieben.«[28] Hier stolperte Nanni über die Begrenztheit seiner eigenen historischen Vorstellungskraft. Eine modernere Sicht der Praktiken der antiken Geschichtsschreiber ergab, daß sie selten bis nie »öffentliche Chronisten« waren.

Noch differenzierter waren die Reaktionen des Wittenberger Chronisten Johann Funck. Funck, ein Schüler Philipp Melanchtons und Freund Andreas Osianders, der das gefeierte und irreführende Vorwort zu Kopernikus' *De revolutionibus* geschrieben hat, ging gegen die Aufzeichnungen der antiken Welt mit philologischem und naturwissenschaftlichem Handwerkszeug vor. Dieses erlaubte es ihm schon bald, die Autorität von Metasthenes, einem der gräßlichsten Nanni-Autoren, zu zerschlagen, der sich mit den Jahrhunderten unmittelbar vor und nach dem babylonischen Exil befaßte, die weder in der Bibel noch bei einem der heidnischen Schriftsteller vollständig, kohärent und akzeptabel beschrieben sind. Wie Kopernikus – und wie einige frühere byzantinische Autoren – begann Funck, indem er die Daten des großen antiken Astronomen Ptolemäus benutzte, die überdauert hatten. Wie seine Vorgänger, so setzte auch Funck Salmanassar, einen in der Bibel erwähnten König von Assyrien, fälschlicherweise mit Nabonassar, König von Babylon, gleich, mit dessen Thronbesteigung am 26. Februar 747 v. Chr. die astronomischen Aufzeichnungen Babylons anfingen, die Ptolemäus heranzog. Im Unterschied zu anderen probierte Funck systematisch aus, welche Implikationen die Astronomie für die Geschichtsschreibung hatte. Er sah (nach modernen Ergebnissen zu Unrecht) in dem biblischen Nabuchodonosor den von Ptolemäus erwähnten König Nabopolassar. Er bemerkte, daß Ptolemäus den Beginn von Nabopolassars Regierungszeit absolut bestimmt habe, da er eine Mondfinsternis auf »das fünfte Jahr von Nabopolassar, das 127. Jahr seit Nabonassar (= 21./22. April 621 v. Chr.)« datiert.[29] Bei Metasthenes fand er andere Zeitangaben für Nabuchodonosor. Und schloß daraus, daß Metasthenes – oder die Archive, die er benutzt hatte – zu verwerfen seien: »Lasset Euch durch seine Autorität nicht behindern. Prüfet lieber, wie weit er übereinstimmt mit der Heiligen Schrift und Ptolemäus' völlig sicheren Beobachtungen der Zeiten. Auf diese Weise werdet Ihr vielleicht nicht die ganze Wahrheit erlangen können, doch Ihr könnt Euch ihr weitestmöglich nähern.«[30]

Nachdem er alle verfügbaren Schriften untersucht hatte, kam Funck auch zu dem Ergebnis, daß antike Geschichtsschreiber den Weg weisen könnten, wo die astronomischen Aufzeichnungen aufhören, wenn man sie nur kritisch wählte: vertrauenswürdig waren Herodot und Eusebios, nicht aber Ktesias und Metasthenes.[31] Damit schlug er als erster die Richtung ein, die noch immer der einzige Weg zu absoluten Daten in der antiken Geschichte ist. Die absolute Wahrheit fand er zwar ebensowenig wie seine Leser, an die er sich wandte, doch er hatte einen bemerkenswert sicheren Tritt. Dennoch verlockte ihn seine Überprüfung von Metasthenes nicht dazu, Nannis Verfasser und Archive weitergehend in Frage zu stellen. Wo auf den ersten Seiten der Lutherschen Weltchronik keusche weiße Lücken blieben, wimmelte es bei Funck von den Taten der Giganten und der ersten sieben Homers, und alles stammte aus Nannis Quellen. Funck sah in Berosos »das anerkannteste Geschichtswerk der Babylonier« und schrieb freudig ab – eine Erfindung nach der anderen.[32] So existierten also erstaunlich moderne Methoden der Echtheitskritik Seite an Seite mit einer Leichtgläubigkeit, über deren Ausmaß man sich nur wundern kann.

Bodin kämpfte sehr mit Nannis Schriften und Funcks Gedanken. Er wußte genug, um in seine Historiker-Bibliographie vorsichtige Hinweise auf die mögliche Unechtheit der Berosos- und Manethon-Fragmente einzuflechten – nicht genug jedoch, um dies bei Metasthenes oder Philon zu tun (und übrigens auch bei Diktys und Dares nicht).[33] Ohne ein Wort des Vorbehalts zitierte er Metasthenes' Rat zur Wahl von Geschichtsschreibern und lobte ihn als einen Historiker, der Archivquellen benutzte und über ein anderes Volk als das eigene schrieb (weswegen er objektiv sein konnte).[34] Und als es an die von Funck aufgeworfenen Probleme ging, bewies er einen erschütternden Mangel an Gespür. Berosos und Metasthenes wichen von »dem Gesetze der Himmelsbewegungen« nicht deshalb ab, weil sie Fehler gemacht oder schlechte Quellen benutzt hätten, behauptete er, sondern weil sie die Jahre und Monate der Interregna nicht aufgezeichnet hätten. Hätten sie das, wie der »scriptor diligens« Ktesias, doch getan, fielen alle Ungereimtheiten fort, und alle guten Quellen verknüpften sich zu einer großen Glücklichen Historischen Familie.[35] Daß Bodin gewillt war, heidnische Angriffe auf das Christentum als Ergebnis von Milieu und Erziehung zu deuten statt als Beweis moralischer Debilität, zeichnet ihn als außergewöhnlich sensiblen Leser aus. Seine Verwendung von Metasthenes jedoch setzt seiner kritischen Begabung enge Grenzen und beweist, daß Nanni seine Vorstellung von den Methoden der Kritik beeinflußte – ja formte. Und noch sein Beharren, die Glaubwürdigkeit von Historikern müsse von Fall zu Fall und nicht durch Pauschalurteile entschieden werden – sein Glaube beispielsweise, daß Dionysios von Halikarnassos die ausländischen Römer objektiver beschreibe als seine griechischen Landsleute und daher an verschiedenen Punkten verschieden gelesen werden müsse –, selbst dies ist nicht mehr als eine Fortführung von Nannis Behauptung, derselbe Geschichtsschreiber könne für ein Königreich akzeptiert und gleichwohl als zuverlässige Quelle für ein anderes abgelehnt werden. Hält man Bodins reiche Tapisserie methodologischer Richtlinien gegen das Licht, kommen viele grelle nannische Farbkleckse zum Vorschein. Und seine Grenzen fallen noch sehr viel mehr ins Auge, wenn man sie mit der weitaus größeren analytischen Kraft des vergessenen Johann Funck vergleicht, dessen Werk er so gut kannte.

Der facettenreichste Interpret der Jahrhundertmitte – und einer der einflußreichsten – war Joannes Goropius Becanus, ein flämischer Doktor, der mit seinen *Origines Antwerpianae* von 1569 den scharfsinnigsten Angriff gegen Nanni führte und dabei ein Gutteil der Literatur benutzte, von der hier bereits die Rede war. Um die Fälschungen zu widerlegen, sammelte er möglichst viele Fragmente der echten Autoren, die Nanni entstellt hatte. Er überprüfte die Originale, die Nanni, der nur Latein beherrschte, lediglich aus zweiter Hand kannte, und konnte ein ums andere Mal zeigen, daß Nannis Fälschungen nicht nur abwichen, sondern grob ungenau waren. So hatte Nanni, einer Passage der Weltchronik von Eusebios in der lateinischen Übersetzung des Hl. Hieronymus folgend, einen Abschnitt geschrieben, in dem sich der Dichter Archilochos über Homers Lebensdaten äußert. Goropius wußte, daß Archilochos nicht Gelehrter, sondern Dichter war. Goropius beherrschte auch Griechisch, und in der *Stromateis*, der ungeheuren Sammlung, die der Kirchenvater Clemens von Alexandrien zusammengetragen hatte, fand er das griechische Original der Aussage, die Nanni benutzt hatte. Da zeigte sich allerdings, daß sie nicht eine Bemerkung von, sondern über Archilochos war und dem echten Historiker Theopompos zugeschrieben wurde, der die Ansicht geäußert hatte, Homer und Archilochos seien Zeitgenossen. Goropius enthüllt damit zum einen, daß Nannis Archilochos ein Betrug war, und zum zweiten, daß die Stelle aus der späten und verfälschten lateinischen Fassung einer ursprünglich griechischen Quelle abgeleitet war.[36] Kurz gesagt, er reagierte nicht auf Nanni, indem er Theorien formulierte, sondern indem er Fragmente sammelte und genau beleuchtete. Damit tat er den ersten systematischen Schritt zur Rekonstruktion der Geschichte der kritischen Historiographie in der Antike. Die *Origines Antwerpianae* sind der entfernte Ahnherr der *Fragmente der griechischen Historiker*, jener riesigen Sammlung von Fragmenten griechischer Historiker durch Felix Jacoby, die dieses Fach im zwanzigsten Jahrhundert erneut revolutionierte.

Doch Goropius ging es um mehr als um negative Kritik und technische Philologie. Er wollte selbst eine neue Geschichte der Antike in Umlauf bringen – in der die Holländer die Urenkel vor-sintflutlicher Völker sind und ihre Sprache, mit ihren vielen einsilbigen Wörtern, Adams Ursprache. Um dies zu beweisen, zieht er ganz unterschiedliche Belege heran –

vor allem das berühmte Experiment des Königs Psammetich, der zwei Kinder einschloß und sie am Sprechen-lernen hinderte, die dann spontan »Bekos« verlangten, das phrygische Wort für Brot, und so nachwies, daß nicht die Ägypter, sondern die Phryger das älteste Volk seien. Dies beweise, so Goropius' scharfsinnige Schlußfolgerung, daß die Holländer die Ältesten seien: denn schließlich »nennen sie den Mann, der Brot macht, *becker*. Das antike Experiment dieses Königs beweist, daß die Sprache der Antwerpener als die älteste und daher vornehmste gelten muß.«[37] Diese Revidierung der Weltgeschichte – die, wie selbst Goropius einräumte, auf einer völligen Neuinterpretation der Quellen beruhte – stand in engem Zusammenhang mit Goropius' Angriffen auf Nanni. Ein wesentlicher Aspekt seiner Darstellung dieser Völkerwanderungen war das Bestreiten von Nannis These, wonach Noah und seine Gefährten Giganten waren; und so ließ sich Goropius in seiner Fleißarbeit als Sammler und Exeget ebenso von Vorurteil wie von Präzision beflügeln.

Die Jahrhundertmitte erlebte also ein allgemeines Bemühen, die Weltgeschichte neu zu fassen und die Quellen zu überdenken, aus denen sie abzuleiten war. Doch diese Versuche fanden ebenso auf den langweiligen und technischen Seiten von Chronologien – und den furchterregenden und bizzaren Seiten historischer Phantasien – statt, wie bei Verfassern, die über den Sinn und Zweck von Historikern schrieben. Kein Verfasser und kein Genre besaß das Monopol auf alle relevanten Formen der Echtheitskritik; wer in einigen Punkten ein Phantast war, konnte in anderen der unerbittlichste und penibelste Realist sein. Zwei Jahrzehnte hitziger Spekulationen, die meisten durch Nanni ausgelöst, endeten damit, daß seine gefälschten Schriften und seine aufgeputzten antiken Richtlinien der Kritik weite Teile einer Geschichtswissenschaft beherrschten, wie die meisten Gelehrten sie sich vorstellten. Doch mindestens einer seiner Gegner, Goropius nämlich, hatte bereits jenen Weg zu präzisem Wissen erkannt, den Scaliger nach 1600 gehen würde. Hätte Nanni seine gefälschten Fragmente nicht so geschickt produziert und verteilt, wäre die Erforschung der echten Fragmente vielleicht niemals begonnen und sicherlich nicht so intensiv betrieben worden.

So hat Goez also völlig Recht, wenn er auf den nachhaltigen Ansporn hinweist, der von Nanni ausging, nicht jedoch darin, dessen Isolation und Originalität allzusehr herauszustreichen. Und jeder Versuch, in den methodologischen Überlegungen der Mitte des sechzehnten Jahrhunderts den Ursprung einer modernen und operationellen Methode der Quellenkritik festmachen zu wollen – im Gegensatz zu begründeten und eigenständigen Mutmaßungen über technische Einzelheiten und die Psychologie der Geschichtsschreibung – ist, was man zutreffend als »hagiographischen Anachronismus« bezeichnet hat, der Versuch, den Originellen und Gebildeten der Vergangenheit Gedanken und Methoden unterzuschieben, die mit dem übereinstimmen, was wir heute glauben.[38] Die Gelehrten um die Mitte des sechzehnten Jahrhunderts befaßten sich mit höchst unterschiedlichen Arten der Quellenkritik, mitunter nach Regeln, die wir noch immer akzeptieren könnten, mitunter aber auch nach Regeln, die wir kaum noch formulieren könnten. Das eigenständigste aller wissenschaftlichen Werke, das von Goropius, war weitaus eigenständiger in seiner Ausführung als in seiner Konzeption.

Und wie gelang es unterdessen Scaliger in Leiden, den wahren Berosos nicht ebenso zu verwerfen wie den falschen? Keiner der Verfasser, die wir bislang untersucht haben, hätte ihn lehren können, einen Text als irgendwie prinzipiell zuverlässig zu akzeptieren, dessen faktischer Inhalt über weite Strecken falsch war. Woher die Erleuchtung?

Zunächst einmal natürlich aus der gleichen Quelle wie Goropius – der Ansporn durch Nanni, in den großen griechischen Textsammlungen von Josephus, Eusebios, Clemens und anderen nach echten Fragmenten zu suchen, die an die Stelle der Nanni-Fragmente gehörten. Je länger Scaliger sich mit Geschichte und Chronologie befaßte, umso dringlicher schien es ihm, echte Quellen zu sammeln und gefälschte zu streichen. Der zweiten Ausgabe seines *De emendatione temporum* von 1598 fügte er einen langen Anhang griechischer Fragmente aus historischen Schriften sowie ausführliche eigene Kommentare bei. Hier erörterte er Porphyrios und Sanchuniathon, hier veröffentlichte und erklärte er Fragmente des echten Berosos, die aus Josephus und Eusebios stammten. Ein Gutteil seines *Thesaurus temporum* von 1606 ist einer riesigen Anthologie von Fragmenten und kompletten Schriften gewidmet, die für die antike Geschichte von Belang sind, darunter noch heute unverzichtbare Dokumente wie Manethos' Aufstellungen der ägyptischen Dynastien und Ptolemäus' *Kanon* der babylonischen Herrscher – die Scaliger in seinen Notizen zunächst als dreiste Fälschung ablehnte, um dann zu erkennen, daß sie echt waren und mit anderen historischen und astronomischen Aufzeichnungen übereinstimmten. In dieser Phase seines Lebens weitete Scaliger seine Forschung auf ein breites Spektrum anderer dubioser Schriften aus. Als junger Mann hatte er den hermetischen Korpus bewundert, den er »noch aufregender [als Philo Judäus] und wahrlich sehr alt« nannte. Als alter Mann demontierte er mit gleicher Begeisterung Diktys, Dares, Aristeas und die Sibyllinischen Orakel – und fand in Casaubon einen Gefährten von gleicher kritischer Begeisterung und Bildung.[39]

In einem Punkt jedoch ging Scaliger sogar noch weiter als Casaubon; er sah, daß Manethon und Berosos nicht nur echte Schriften des hellenistischen Griechenlands waren, sondern echte, wenn auch verblaßte Wiedergaben sehr viel älterer Dokumente des Nahen Ostens. Sie waren voller Erfindungen und Fehler, aber dennoch nicht zu verwerfen. Man müsse ihnen, sagte er, den Respekt zollen, die ihr Alter verdiene, man müsse auch erkennen, betonte er, daß sie keine schlichten Hirngespinste seien, sondern – wie die griechische Mythologie – Bearbeitungen wahrer Begebenheiten. Vielleicht würde es sogar eines Tages jemandem mit ausreichend kritischem Blick gelingen, sie aus ihrem trügerischen Phantasiegewand herauszuschälen und zu einer echten, faktischen Geschichte frühester Zeiten auszuarbeiten. Casaubon fand diesen Ansatz viel zu tolerant: »Ich sehe nicht«, schrieb er in sein Exemplar von Scaligers Buch, »welchen Nutzen diese Erfindungen dummer Völker für die wahre Geschichte haben sollen.«[40]

Scaligers tolerante Einstellung wucherte, wie auch seine kritische Methode, wie eine Perle um ein störendes Korn gefälschten Materials. Das stammte allerdings nicht von einem kosmopolitischen Klassiker wie Nanni, sondern aus dem nahen Friesland. Dort hatten Intellektuelle des frühen sechzehnten Jahrhunderts eine musterhafte Urgeschichte der Gegend entwickelt. Sie behaupteten, drei indische Herren – Friso, Saxo und Bruno – hätten im vierten vorchristlichen Jahrhundert ihr Heimatland verlassen. Sie studierten bei Plato, kämpften für Philip und Alexander von Mazedonien, und ließen sich dann in Frisia nieder, wo sie die eingeborenen Giganten vertrieben und Groningen gründeten.[41] Eine charmante Vorstellung: um ein Torffeuer sitzen drei Herren im Frack, höfliche Gespräche auf Sanskrit murmelnd. Aber um 1600 erhitzte sie das Gemüt von Ubbo Emmius, einem von Scaliger geschätzten kritischen Humanisten. Emmius machte sich daran, diese Geschichte und ihre angebliche Verankerung in schriftlichen Quellen zu zerstören. Er nannte Friso und seine Freunde Fabelwesen. Er forderte eine genaue Benennung der Quellen, die ihre Existenz bewiesen: »Welche Archive sind es? Wer hat die Quellen zusammengetragen? In welcher Sprache? Wo und bei wem wurden sie bis heute aufbewahrt? Wer hat sie gesehen?«[42] Mehr, ließ er hämisch durchblicken, sei über das Werk von Frisos Sohn Scholto, »Über die Kolonien der Friesen in Schottland«, und ähnlichen Unfug nicht zu sagen.

Ein anderer friesischer Gelehrter, Suffridus Petri, hatte die Geschichte des Friso in elegantes Latein gefaßt. Er stattete sie mit den typischen Bürgschaften eines jeden Fälschers aus – die Geschichte angeblicher archivarischer Herkunft und verlorener Originale, »in friesischer Sprache, aber griechischer Schrift geschrieben«. Von Emmius angestachelt und herausgefordert, wich Petri allerdings von den traditionellen Fälschertaktiken ab und präsentierte eine brillante, originelle Verteidigung. Er behauptete, antike, jetzt verlorene Schriften sowie solch populäre Lieder wie die *Carmina* der frühen Römer und Germanen, durch Livius und Tacitus bestens bekannt, könnten die Anfänge Frisias durchaus bewahrt haben, selbst wenn formale Historiker es nicht glaubten. Und er betonte, selbst wenn solch populäres Quellenmaterial Fabeln enthalte, so solle man es doch analysieren und nicht verunglimpfen. »Ein guter Geschichtsschreiber sollte die antiken Schriftsteller nicht einfach wegen der Fabeln verwerfen, sondern um der antiken Schriftsteller willen die Fabeln läutern.«[43] Mündliche Überlieferungen solle man, kurz gesagt, nicht verachten, sondern kritisch bearbeiten. Und dazu bedürfe es der richtigen Mischung aus Achtung und Kritik.

Scaliger kannte diese Debatten, denn Leidener Freunde wie Janus Dousa hatten sich in dem Versuch, Holland von seinen Ursprungsmythen zu säubern, kopfüber in sie hineingestürzt.[44] Auch hier wieder ist das Bemerkenswerte Scaligers Reaktion. Wie sein Freund J.-A. de Thou aus Paris, der bedeutendste Historiker des späten sechzehnten Jahrhunderts, schätzte er Emmius als kritischen Gelehrten nach seinem Geschmack sehr. Dennoch folgte er Petri. Die tolerante und eklektische Haltung, die Petri für Friso empfahl, prägte die Art, wie Scaliger sich Berosos und Manethon näherte. Als Scaliger die babylonische *Urgeschichte* publizierte und als mythische Umformung realer Ereignisse verteidigte, bediente er sich der Hilfsmittel eines Fälschers und eines Phantasten, um den echten antiken Nahen Osten in die Überlieferungen des Abendlandes zu integrieren. Der Fälscher war zwar nicht Nanni, sondern Petri, doch auch er war ein Fälscher, der die Philologie um neue intellektuelle Welten bereicherte, die es zu erobern galt. Das bedeutet also, daß die Echtheitskritik in der Neuzeit ein so hohes Niveau erreichte, weil Herausforderung und Ansporn durch Fälschungen so brisant waren.

Fälschung und Philologie stiegen und fielen zusammen, in der Renaissance ebenso wie im hellenistischen Alexandrien; manchmal waren die Fälscher die ersten, die elegante kritische Methoden schufen oder neu formulierten, manchmal wurden sie darin von den Philologen geschlagen. In allen Fällen entwickelte sich die Echtheitskritik in Abhängigkeit von dem Stimulus der Fälscher. Die Kritik existiert nicht einfach, weil der Zustand der Quellen sie erforderte. Die Existenz so vieler Quellen, die in bewußter Betrugsabsicht entstanden, und die Gewitztheit so vieler Täuschungen spielte für die Entstehung der Kritik eine entscheidende Rolle. »Nur ein Dieb fängt einen Dieb« ist schon lange ein geflügelter Spruch der Polizei; »Nur ein Fälscher entlarvt einen Fälscher« könnte im Arbeitszimmer des literarischen Detektivs direkt daneben hängen.

1. *Scaligerana*, Köln 1695, S. 123.

2. Zu Berosos siehe *FrGrHist*, 680, F 1; es gibt eine moderne Übersetzung mit Kommentar von S. M. Burstein, 1978. Zum allgemeinen Umfeld siehe S. K. Eddy, *The King is Dead*, Lincoln 1961.

3. J. J. Scaliger, *Lettres françaises inédites*, hg. v. P. Tamizey de Larroque, Agen und Paris 1879, S. 161.

4. Universitätsbibliothek Leiden MS Scal. 10, fol. 2 recto, zitiert Helladius aus Photius, *Bibliotheca*, cod. 279, und Tatian, *Ad Graecos*, 36 (= Eusebios, *Praeparatio evangelica*, 10.11.8 = *FrGrHist*, 680 T 2).

5. *Thesaurus temporum*, 2. Aufl., Amsterdam 1658. *Notae in Graeca Eusebii*, S. 407 f.

6. Bodeleiana MS Casaubon 32, fol. 52 verso.

7. Scaliger, *Notae in Graeca Eusibii*, S. 408.

8. Siehe die zu Recht einflußreichen Arbeiten von P. Burke, *The Renaissance Sense of the Past*, New York 1970; J. Franklin, *Jean Bodin and the Sixteenth-Century Revolution in the Methodology of Law and History*, New York und London 1963; M. P. Gilmore, *Humanists and Jurists*, Cambridge, Mass. 1963; D. R. Kelley, *Foundations of Modern Historical Scholarship*, New York und London 1970.

9. K. O. Müller, *Kleine Deutsche Schriften*, I, Breslau 1847, S. 445–452. (Erstveröffentlichung 1837).

10. W. Goez, »Die Anfänge der historischen Methoden-Reflexion im italienischen Humanismus«, in *Geschichte in der Gegenwart: Festschrift für Kurt Kluxen*, Paderborn 1972, S. 3–21, sowie »Die Anfänge der historischen Methoden-Reflexion in der italienischen Renaissance und ihre Aufnahme in der Geschichtsschreibung des deutschen Humanismus«, in *Archiv für Kulturgeschichte*, 56, 1974, S. 25–48.

11. W. Stephens, Jr., »The Etruscans and the Ancient Theology in Annius of Viterbo«, in *Umanesimo a Roma nel Quattrocento*, hg. v. P. Brezzi u. a., New York und Rom 1984, S. 309–322; »*De historia gigantum*: Theological Anthropology before Rabelais«, in *Traditio*, 40, 1984, insbes. S. 70–89; C. Ligota, »Annius of Viterbo and Historical Method«, in *Journal of the Warburg and Courtauld Institutes*, 50, 1987, S. 44–56.

12. Hier und an anderen Stellen benutze ich die Texte der Erstausgabe von Nannis *Commentaria*, Rom 1498, zitiere aber nach den Seitennummern der gut redigierten und mit einem Index versehenen Ausgabe Antwerpen 1552; hier S. 239.

13. Ebd., S. 460, 75 f., 281.

14. Ebd., S. 244.

15. Stephens, a.a.O.

16. Josephus, *Contra Apionem*, 1.8–10; Siehe im allgemeinen J. R. Bartlett, *Jews in the Hellenistic World*, Cambridge 1985, S. 86–89; ich zitiere den Absatz in seiner Übersetzung, ebd., S. 171–176, mit hilfreichen Anmerkungen.

17. Josephus, *Contra Apionem*, 1.130, 1.107, 1.28.

18. Nanni, *Commentaria*, S. 240.

19. Siehe insbes. den klassischen Aufsatz von F. von Bezold, »Zur Entstehungsgeschichte der historischen Methodik«, in *Aus Mittelalter und Renaissance*, München und Berlin 1918, S. 362–383 (Erstveröffentlichung 1914).

20. Siehe W. J. Bouwsma, *Concordia Mundi*, Cambridge, Mass. 1957; H. J. Erasmus, *The Origins of Rome in Historiography from Petrarch to Perizonius*, Assen 1962.

21. G. Postel, *Le Thrésor des Prophéties de l'Univers*, hg. von F. Secret, Den Haag 1969, S. 67, vgl. S. 76.

22. F. Baudouin, *De institutione historiae universae et eius cum iurisprudentia coniunctione prolegomenôn libri duo*, Paris 1561, S. 48 f.

23. J. Caius, *De antiquitate Cantabrigiensis Academiae libri duo*, London 1568, S. 21–25; Caius' Ethymologie von »Gigant« ist alt. Zu seinem überaus modernen Ansatz bei anderen philologischen Problemen, vgl. V. Nutton, »John Casius and the Eton Galen: Medical Philology in the Renaissance«, in *Medizinhistorisches Journal*, 20, 1985, S. 227–252; zur Oxford-Cambridge-Debatte (eine ferne Vorläuferin der Ruderregatta), vgl. T. D. Kendrick, *British Antiquity*, London 1950.

24. Siehe J. Sleidanus, *De quatuor monarchiis libri tres*, Leiden 1669, S. 11; Franklin, *Jean Bodin*, S. 124 f.; Savile, »Prooemium Mathematicum«, Bodleiana MS Savile 29, fol. 32 recto, wo ein Hinweis auf Berosos' *defloratio* der chaldäischen Geschichte unterstrichen und eingeklammert ist. Noch Zweifel?

25. M. Cano, *Loci theologici*, 11.6; *Opera*, Venedig 1776, S. 234; G. Barreiros, *Censura in quendam auctorem qui sub falsa inscriptione Berosi Chaldaei circunfertur*, Rom 1565, S. 26–30.

26. Ebd., S. 35–37; V. Borghini, *Discorsi*, Florenz 1584/85, I, S. 229.

27. Barreiros, *Censura*, S. 56–59 (wo Barreiros' eigene Chronologie fragwürdig wirkt).

28. Cano, *Opera*, 230–232.

29. Ptolemaios, *Almagest*, 5.14.

30. J. Funck, *Commentariorum in praecedentem chronologiam libri decem*, Wittenberg 1601, fol. B iiij recto.

31. Ebd., fol. [B v], verso.

32. Ebd., fol. [A v], verso.

33. Bodin, *Methodus*, Kap. X; *Oeuvres philosophiques*, hg. von P. Mesnard, Paris 1951, S. 254–257.

34. Ebd., Kap. IV, S. 126.

35. Ebd., Kap. VIII, S. 240. Eine moderne Bewertung von Ktesias ist R. Drews, *The Greek Accounts of Near Eastern History*, Cambridge, Mass. 1973, S. 103–116 (z. B. S. 109: »alle Einzelheiten waren erfunden«).

36. J. Goropius Becanus, *Origines Antwerpianae*, Antwerpen 1569, S. 357–362. Goropius identifizierte die fragliche echte Quelle als ein Fragment von Theopompos *Philippica*, Buch 43, erhalten in Clemens von Alexandrien *Stromateis*, 1.117.8 = *FrGrHist*, 115, F 205.

37. Goropius, *Origines*, ep. ded.

38. N. Swerdlow, »Pseudodoxia Copernicana: or, Enquiries into very many received tenents and commonly presumed truths, mostly concerning spheres«, in *Archives internationales pour l'histoire des sciences*, 26, 1976, S. 108–158.

39. Siehe A. Grafton, »Higher Criticism Ancient and Modern: The Lamentable Deaths of Hermes and the Sibyls«, in *The Uses of Greek and Latin: Historical Essays*, hg. von A. C. Dionisotti u. a., London 1988, S. 155–170.

40. I. Casaubon, Randnotiz in seinem Exemplar des *Thesaurus temporum*, Leiden 1606, jetzt Cambridge University Library Adv. a. 3.4., *Isagogici canones*, S. 309: »Ego non video quae magna utilitas sit ad historiam veram in istis stultarum gentium figmentis . . .«. (Der Kommentar ist eine Reaktion darauf, daß Scaliger Manethons Liste ägyptischer Dynastien erwähnt.)

41. Eine Zusammenfassung dieser *Urgeschichte* in S. Petri, *Apologia . . . pro antiquitate et origine Frisiorum*, Franeker 1603, S. 15–17.

42. U. Emmius, *De origine atque antiquitatibus Frisiorum*, in seinem *Rerum Frisicarum historia*, Leiden 1616, S. 7 ff.

43. Petri, *Apologia*, S. 40 f.

44. Vgl. im allgemeinen S. Schama, *The Embarrassment of Riches*, New York 1987, Kap. ii; zu Petri und Emmius, vgl. E. H. Waterbolk, »Zeventiende-eeuwers in de Republiek over de grondslagen van het geschiedverhaal. Mondelinge of schriftelijke overlevering«, in *Bijdragen voor de Geschiedenis der Nederlanden*, 12, 1957, S. 26–44; »Reacties op het historisch pyrrhonisme«, ebd., 15, 1960, S. 81–102; und Erasmus, *The Origins of Rome*.

Epilog

Eines Tages traten zwei Frauen vor Herkules. Eine von ihnen bot ihm ein Leben mit kalten Bädern, großen Taten und Leid, die andere ein Leben in Luxus, Müßiggang und Vergnügung. Die erste Frau gab sich als Tugend zu erkennen, die zweite als Laster. Obwohl Frau Laster oberflächlich betrachtet attraktiv war, argumentierte Frau Tugend mit unwiderstehlicher Eloquenz, Herkules solle den beschwerlicheren Weg einschlagen, der einem höheren Ziel diene. Bedauerlicherweise sind sich Fälschung und Kritik ähnlicher als Tugend und Laster, und die Wahl zwischen beiden hat sich – wie dieser Essay zeigte – oftmals als sehr viel vielschichtiger und schwieriger erwiesen als die, vor die Herkules sich gestellt sah.

Fälschung wie Kritik sind Wege, mit ein und demselben Grundproblem umzugehen. In jeder höheren Kultur bildet sich ein Korpus autoritativer Schriften heraus; sie bieten Regeln zur Lebensführung und Richtlinien für die wichtigsten sozialen, religiösen und politischen Praktiken. Lebensweisen und Institutionen verändern sich; die Schriften aber bleiben, wie Dorian Gray, ewig jung. Irgendwann einmal entsprechen sie auf eklatante Weise nicht mehr dem veränderten Gesicht der Kultur, die ihrer Anweisungen bedarf.

An diesem Punkt müssen die Gelehrten, deren Aufgabe das Deuten von Schriften ist, eine Wahl treffen. Sie können sich für die Allegorie entscheiden und erklären, wenn die Texte *scheinbar* nicht in die Gegenwart paßten, dann deswegen, weil ihre wörtliche Bedeutung ihre wahre Bedeutung verberge. Nur berufene Exegese könne sie enthüllen – und damit zum einen den Wert der Schriften wahren und zum anderen die Autorität derer fördern, die sie auslegen. Oder sie können die buchstäbliche Auslegung wählen und behaupten, die modernen Zustände seien nicht die Folge von Wachstum, sondern von Verfall. Die Schriften müßten zum Ausgangspunkt für eine umfassende Reform werden; das Gesicht der Gesellschaft müsse geliftet werden, um wieder dem Porträt aus ihrer Jugend zu entsprechen, das im kollektiven Keller verschlossen liege.

Die Interpreten können sich auch auf die Seite der Kritik schlagen und erklären, die Zustände hätten sich im Laufe der Zeit verändert, was immer stimmt. Die Schriften spiegelten ihre eigene Welt, wir aber lebten in der unseren, die gewißlich revidierte Schriften und Anweisungen brauche und niemals durch die Normen einer älteren Welt einfach nur reformiert werden könne. Oder sie können – und tun es oft – all diese nützlichen, aber unvereinbaren Strategien zu einem einzigen Hexengebräu mischen – ein Verfahren, das in Amerika zumeist unter dem Namen ›konstitutionelle Interpretation‹ bekannt ist. Und außerdem können sie noch fälschen – und statt des kollektiven Gesichts das kollektive Porträt restaurieren. Offensichtlich ist Fälschen nur eine Facette im Spektrum möglicher Umgehensweisen mit der Vergangenheit, und es ist keineswegs beliebiger als manch andere. Und die strukturelle Ähnlichkeit zwischen den Methoden des Fälschens und denen der Kritik ist recht einsichtig, wenn man die grundsätzlichere Ähnlichkeit ihrer unmittelbaren praktischen Ziele bedenkt.

Fälschung und Kritik haben auch eine fundamentale Begrenzung gemeinsam. Der Kritiker kann seiner Zeit und seinem Ort ebenso wenig entrinnen wie der Fälscher. Der Fälscher stülpt seiner Neuerschaffung der Vergangenheit nicht nur seine persönlichen Werte, sondern auch die Meinungen und sprachlichen Eigenarten seiner historischen Zeit über, und darum wird sein Werk irgendwann einmal nicht mehr glaubwürdig sein. Aber der Kritiker verwirft Fälschungen aus persönlichen Gründen und ausgehend von den Annahmen seiner eigenen Zeit über die Welt, aus der diese angeblich kommen; darum werden mit der Zeit zumindest einige seiner Entlarvungen ihrerseits entlarvt werden. Viele antike und einige spätere Dokumente wurden Opfer der Kritik, nur um eine Renaissance zu erleben, als die Grenzen der Kritikervorstellungen darüber deutlich wurden, was und was nicht »antik« oder »mittelalterlich« sein kann. Denn generelle Aussagen über die Vergangenheit können sich niemals halten. Eine Echtheitskritik, die sich davon lenken läßt, ist daher verurteilt, weniger Oberster Literaturgerichtshof als vielmehr Rad des Schriftenschicksals zu sein – ein willkürlicher und anachronistischer Versuch, die Vergangenheit zurechtzustutzen. Diese Beschreibung gilt auch für das Fälschen.

Gleichwohl sind Fälschung und Kritik schwerlich identisch. Der Fälscher will sich und uns vor der kritischen Kraft unserer eigenen Vergangenheit und der anderer Kulturen bewahren. Er bietet uns eine Zuflucht vor den nicht enden wollenden Gedanken an unsere Ideale und Institutionen, die durch die Lektüre eindringlicher Schriften ausgelöst werden können. Vor allem ist er verantwortungslos: wie löblich seine Ziele und wie elegant seine Methode, er lügt. Es scheint daher unausweichlich, daß eine Kultur, die literarische Falschmünzerei duldet, ihre eigene geistige Währung abwertet, mitunter über den Punkt hinaus, an dem Umkehr möglich wäre – wie es im hellenisierten Griechenland den Bewunderern gefälschter fremdartiger Mysterien erging und den modernen deutschen Bewunderern der Literatur der antisemitischen Internationale.

Echtheitskritik ist, wie wir wiederholt gesehen haben, in ihren Schlußfolgerungen zwangsläufig fehlbar und schuldet der Fälschung in ihrer Methodik viel. Ihre Motive sind häufig parteiisch und unwissenschaftlich. Aber sie will nicht schützen, sondern offenlegen: Vergangene und fremde Kulturen zeigen, wie sie wirklich waren, insofern wir jemals verstehen können, was nicht unser ist. Wie der Psychoanalytiker will auch der Kritiker den Kampf mit den Ungeheuern aufnehmen, die sich im langen Schlaf der Vernunft – der Geschichte der Menschheit – um uns drängen. Wie der Analytiker, führt auch der Kritiker zerbrechliche Waffen und wird ständig von seiner eigenen Subjektivität verraten. Aber wie der Analytiker ist auch der Beruf des Kritikers ebenso unabdingbar wie unmöglich.[1] Daß Echtheitskritik geübt wird, ist in einer Gesellschaft ein Zeichen von Gesundheit und Tugend; das Vorherrschen von Fälschung ein Zeichen von Krankheit und Laster.

Ein chinesischer Kritiker klagte einmal darüber, daß man gefälschte Werke Jahrhunderte nach dem Tod ihrer Schöpfer niemals von echten unterscheiden könne: »Die Alten sind fort, wir können sie nicht aus dem Jenseits zurückholen, um sie zu befragen. Wie also sollen wir, ohne nichtig und falsch zu sein, zur Wahrheit gelangen, wenn wir laut darüber streiten?«[2] Unsere kurze Untersuchung zur abendländischen Tradition von Fälschung und Echtheitskritik mag ebenfalls den Eindruck erwecken, als gäbe es Grund zum Verzagen. Doch das hoffe ich nicht. Ich habe nur versucht, der Pflicht des Kritikers nachzukommen und einen faszinierenden, aber beunruhigenden Zug der Tradition des Abendlandes dargelegt (statt ihn zu übergehen oder wegzuerklären). Es gehört zur Tradition der Echtheitskritik, in den Quellen unwillkommene Aspekte ebenso zur Kenntnis zu nehmen wie die willkommenen. Wir können diese Tradition nicht weiterführen, wenn wir uns weigern anzuerkennen, wieviel sie dem Tun ihrer kriminellen Verwandten verdankt – und wie oft sie selbst darin verwickelt war.

1. Vgl. J. Malcolm, *Psychoanalysis: The Impossible Profession*, New York 1981.

2. Lu Shih-hua, zitiert von W. Fong, »The Problem of Forgeries in Chinese Painting«, in *Artibus Asiae*, 25, 1962, S. 99, Anm. 20.

Weiterführende Literatur

Eine knappe, aber umfassende Darstellung der Geschichte der klassischen Philologie im Abendland ist L. D. Reynolds und N. G. Wilson, *Scribes and Scholars*, 2. Aufl. Oxford 1974, das ein breites Spektrum behandelt und eine nützliche Orientierungshilfe zur monographischen Literatur ist. Detailliertere Darstellungen finden sich in der alten, aber informativen *History of Classical Scholarship* von J. E. Sandys (Cambridge 1903–1908) und in zwei neueren Bänden von R. Pfeiffer, *History of Classical Scholarship from the Beginning to the End of the Hellenistic Age* (Oxford 1968); auf deutsch erschienen als *Geschichte der klassischen Philologie von den Anfängen bis zum Ende des Hellenismus*, Reinbek bei Hamburg 1970, und *History of Classical Scholarship from 1300 to 1850* (Oxford 1976). Die deutsche Neuauflage *Die Klassische Philologie von Petrarca bis Mommsen* (München 1982) ist sehr empfehlenswert.

Die beste Untersuchung zur Geschichte der Fälschung als solcher ist, wie erwähnt, W. Speyers *Die literarische Fälschung im heidnischen und christlichen Altertum* (München 1971), mit umfangreichem Material über moderne Fälschungen (und Kritik) sowie deren früheste Entsprechungen. N. Brox bietet mit *Falsche Verfasserangaben* (Stuttgart 1975) eine brillante Ergänzung und ist in seiner Kritik sehr hilfreich. Die ältere Sammlung von J. A. Farrer, *Literary Forgery* (London 1907) holt weit aus und ist informativ, wenn auch in Einzelheiten generell überholt. Die inspirierendsten allgemeinen Arbeiten zu diesem Thema auf Englisch sind G. Bagnani, »On Fakes and Forgeries«, *Phoenix* 14 (1960) und R. Syme, »Fiction and Credulity«, in seinem Buch *Emperors and Biography* (Oxford 1971). Die beste neuere Untersuchung auf Englisch ist B. M. Metzer, »Literary Forgeries and Canonical Pseudepigrapha«, in Metzers *New Testament Studies: Philological, Versional, and Patristic* (Leiden 1980), S. 1–22; siehe auch D. G. Meade, *Pseudonymity and Canon* (Grand Rapids, Michigan 1988), beide mit guten Bibliographien. Das von N. Brox herausgegebene Buch *Pseudepigraphie in der heidnischen und christlichen Welt* (Darmstadt 1977) versammelt einige der originelleren und einflußreicheren Aufsätze über Fälschung in der antiken Welt.

Zu mittelalterlichen Fälschungen im allgemeinen siehe P. Lehmann, *Pseudo-Antike Literatur des Mittelalters* (Leipzig 1927; Neuauflage Darmstadt 1964); H. Fuhrmann, »Die Fälschungen im Mittelalter«, in *Historische Zeitschrift*, 197 (1963); G. Constable, »Forgery and Plagiarism in the Middle Ages«, *Archiv für Diplomatik, Schriftgeschichte, Siegel- und Wappenkunde*, 29 (1983), S. 1–41; und P. Meyvaert, »Medieval Forgers and Modern Scholars: Tests of Ingenuity«, in *The Role of the Book in Medieval Culture*, hg. von P. Ganz (Turnhout 1986), Bd. I, S. 83–95, und die Aufsätze von Brown, Constable, Fuhrmann u. a. in: *Fälschungen im Mittelalter*, hg. von H. Fuhrmann, Hannover 1988.

Die noch immer reflektierteste Arbeit über Fälschungen und deren Verwandte in der Renaissance ist C. Mitchell »Archaeology and Romance in Renaissance Italy«, in *Italian Renaissance Studies*, hg. von E. F. Jacob (London 1960); Kritik daran übt der kontrastierende Überblick von P. G. Schmitt, »Kritische Philologie und pseudoantike Literatur«, in *Die Antike-Rezeption in den Wissenschaften während der Renaissance* (Weinheim 1983) und A. Grafton, »Higher Criticism Ancient and Modern: The Lamentable Deaths of Hermes and the Sibyls«, in *The Uses of Greek and Latin: Historical Essays*, hg. von A. C. Dionisotti u. a. (London 1988).

Zu den im siebzehnten und achtzehnten Jahrhundert erfundenen neuen Vergangenheiten, siehe im allgemeinen I. Haywood, *The Making of History* (Rutherford, Madison and Teaneck, 1986). Ein unschätzbarer Führer zu den neuen Formen des historischen Bewußtseins zur Zeit der Aufklärung ist L. Gossmans *Medievalism and the Ideologies of the Enlightenment* (Baltimore 1968). Die wohl detaillierteste Studie über einen modernen Fälscher sind D. S. Taylors Kommentare in dem von ihm herausgegebenen Chatterton *Complete Works* (Oxford 1971), siehe auch Taylors schönen Essay *Thomas Chatterton's Art* (Princeton 1978). I. Haywoods Essay *Faking It* (Brighton 1987) faßt die Gedanken seines umfangreichen Buches zusammen und geht auch kurz auf neuere literarische Fälschungen sowie das damit verbundene Problem von Kunstfälschung ein, dem ich mich hier nicht widmen konnte. Siehe dazu auch das sehr viel komplexere – und noch immer anregende – Buch von O. Kurz: *Fakes*, 2. Auflage (New York 1967).

Weiterführende Literatur

Es gibt bislang keine Arbeit, die alle Entlarvungsmethoden aufführt, mit denen moderne Kritiker arbeiten, aber R. D. Alticks *The Scholar Adventurers* (New York 1950) beschreibt am Beispiel von Einzelfällen einige Techniken sehr anschaulich. Schließlich war 1990 bei einer Ausstellung des British Museum über Fälschungen die bislang größte Sammlung gefälschter Texte und Gegenstände zu sehen. Der Katalog zur Ausstellung (von N. Barker) reproduziert nicht nur viele dieser Fälschungen, er bietet auch weitergehende Informationen über viele literarische Fälscher und Echtheitskritiker, von denen in diesem Buch die Rede war.

ALEXANDRE KOYRÉ

Galilei

Die Anfänge der neuzeitlichen Wissenschaft

Studien zu Galilei, dem Denker und Theoretiker, der, gestützt auf Platon und Archimedes, die Probleme zu lösen wußte, die ihm Kopernikus, Tycho Brahe, Bruno und Kepler aufgegeben hatten.

Aus dem Französischen und Englischen von Rolf Dragstra
KKB 8. Englische Broschur. 96 Seiten.

KRZYSZTOF POMIAN

Der Ursprung des Museums Vom Sammeln

Pomian untersucht eine der ältesten Aktivitäten und Passionen der Menschheit: das Sammeln.

Aus dem Französischen von Gustav Rößler
KKB 9. Englische Broschur. 112 Seiten.

KEITH THOMAS

Vergangenheit, Zukunft, Lebensalter

Zeitvorstellungen im England der frühen Neuzeit

Wieso wird die englische Gesellschaft der Moderne mit Tradition und Fortschritt zugleich assoziiert?

Mit einem Vorwort von Peter Burke. Übersetzt von Robin Cackett.
KKB 10. Englische Broschur. 112 Seiten.

ENRICO CASTELNUOVO

Das künstlerische Portrait in der Gesellschaft

Das Bildnis und seine Geschichte in Italien von 1300 bis heute

Aus dem Italienischen von Martina Kempter
KKB 11. Englische Broschur. 112 Seiten mit vielen Abbildungen.

FRANCIS A. YATES

Giordano Bruno

Yates verfolgt die Spuren des großen »träumenden Neuerers« Giordano Bruno im europäischen Denken.

Aus dem Englischen von Peter Krumme.
KKB 12. Englische Broschur. 112 Seiten.

GEORGES DUBY

Die Frau ohne Stimme Liebe und Ehe im Mittelalter

Das Schicksal der Frauen im Mittelalter – eingeschlossen zwischen weltlicher und geistlicher Macht.

Aus dem Französischen von Gabriele Ricke und Ronald Voullié
KKB 13. Englische Broschur. 96 Seiten.

PETER BURKE

Küchenlatein Sprache und Umgangssprache in der frühen Neuzeit

Geschichten aus der lebendigen Geschichte einer totgesagten Sprache.

Aus dem Englischen von Robin Cackett.
KKB 14. Englische Broschur. 88 Seiten.

CHRISTIAN MEIER

Die Welt der Geschichte und die Provinz des Historikers

Ein Plädoyer für die Überwindung des Provinzialismus in der Geschichtswissenschaft.

KKB 15. Englische Broschur. 104 Seiten.

PIERRE NORA

Zwischen Geschichte und Gedächtnis

Nora behandelt eine politische Grundfrage: die Beziehung zwischen dem kollektiven Gedächtnis einer Gesellschaft, ihren »Erinnerungsarten« und ihrer Geschichtsschreibung.

Aus dem Französischen von Wolfgang Kaiser.
KKB 16. Englische Broschur. 104 Seiten.

KONRAD WÜNSCHE

Bauhaus: Versuche, das Leben zu ordnen

Totalitätsanspruch und Traditionsverbundenheit des Bauhauses.

KKB 17. Englische Broschur. 112 Seiten.

KRZYSZTOF POMIAN

Europa und seine Nationen

Die Geschichte Europas in der Einheit seiner sehr alten Kultur und der Vielfalt seiner nationalen und kulturellen Eigenheiten.

Aus dem Französischen von Matthias Wolf.
KKB 18. Englische Broschur. 144 Seiten.

GIOVANNI ROMANO

Landschaft und Landleben in der italienischen Malerei

Wie hat sich der Blick auf die Natur in der italienischen Kunst verändert?

Aus dem Italienischen von Thomas Frank.
KKB 19. Englische Broschur. 112 Seiten mit vielen Abbildungen.

PIERRE BOURDIEU

Satz und Gegensatz Über die Verantwortung des Intellektuellen

Mehr als eine Einführung in Bourdieus Arbeiten; die Texte legen die engen Verbindungen seines Denkens zu Kant, Cassirer, Simmel und Weber frei.

Aus dem Französischen von Ulrich Raulff und Bernd Schwibs.
KKB 20. Englische Broschur. 80 Seiten.

TILMANN BUDDENSIEG, THOMAS HUGHES, JÜRGEN KOCKA U. A.

Ein Mann vieler Eigenschaften
Walther Rathenau und die Kultur der Moderne

Rathenau entpuppt sich als treffendes Symbol für die Weimarer Republik.

KKB 21. Englische Broschur. 144 Seiten mit Abbildungen.

WALTER BURKERT

Wilder Ursprung Opferritual und Mythos bei den Griechen

Burkert beschreibt die Abhängigkeit der antiken politischen Ordnung von den Kulthandlungen.

KKB 22. Englische Broschur. 96 Seiten mit Abbildungen.

CHRISTOPHER HILL

Über einige geistige Konsequenzen der englischen Revolution

Das siebzehnte Jahrhundert in England und die Revolution sind jene Epoche, in der, über ein Jahrhundert früher als auf dem Kontinent, die geistigen, wirtschaftlichen und politischen Bedingungen für den Beginn der europäischen Neuzeit geschaffen werden.

Aus dem Englischen von Matthias Fienbork.
KKB 23. Englische Broschur. 96 Seiten.

ULRICH K. PREUSS

Revolution, Fortschritt und Verfassung
Zu einem neuen Verfassungsverständnis

Eine kleine Verfassungsgeschichte der letzten zweihundert Jahre: Preuß untersucht den Zusammenhang von Revolution und Verfassungsidee im Konzept des Verfassungsstaates.

KKB 24. Englische Broschur. 104 Seiten.

JULIO CARO BAROJA

Der Inquisitor, der Eroberer, der Herr
Drei Berufsbilder aus der spanischen Geschichte

Exemplarische Studien zu drei klassischen spanischen Berufskarrieren.

Aus dem Spanischen von Susanne und Gerhard Herrera.
KKB 25. Englische Broschur. 112 Seiten.

YVES LACOSTE

Geographie und politisches Handeln
Perspektiven einer neuen Geopolitik

Die ökonomischen, ökologischen und demographischen Probleme der Zukunft sind nur mit Hilfe der Zukunftswissenschaft Geographie zu lösen.

Aus dem Französischen von Matthias Wolf.
KKB 26. Englische Broschur. 88 Seiten.

ALFRED SOHN-RETHEL

Das Geld, die bare Münze des Apriori

Geld als Verbindung zwischen gesellschaftlicher und begrifflicher Realität, zwischen Sein und Bewußtsein.

KKB 27. Englische Broschur. 80 Seiten.

ARNO BORST

Computus Zeit und Zahl in der Geschichte Europas

Eine kenntnisreiche Studie, die Zahl und Zeitrechnung von der Antike bis in die Neuzeit behandelt. Sie wird so zu einer Geschichte unseres Zeitberechnens und Zählens.

KKB 28. Englische Broschur. 128 Seiten mit Abbildungen.

FELIX GILBERT

Guiccardini, Machiavelli und die Geschichtsschreibung der italienischen Renaissance

Studien über die Erneuerung der europäischen Geschichtsschreibung, die ihren Ausgang im Italien des fünfzehnten Jahrhunderts nahm.

Aus dem Englischen von Matthias Fienbork und Italienischen von Friederike Hausmann.
KKB 29. Englische Broschur. 128 Seiten mit Abbildungen.

VICTOR ZASLAVSKY

Das russische Imperium unter Gorbatschow
Seine ethnische Struktur und ihre Herkunft

Ein Essay über die Zukunft des nationalen Schmelztiegels Sowjetunion in der Ära Gorbatschow.

Aus dem Englischen von Holger Fließbach.
KKB 30. Englische Broschur. 96 Seiten.

GÁBOR KLANICZAY

Heilige, Hexen, Vampire Vom Nutzen des Übernatürlichen

Die Sozial- und Kulturgeschichte der Hexen, Heiligen und Vampire aus der Sicht des ungarischen Historikers.

Aus dem Englischen von Silvia Höfer und Hanni Ehlert.
KKB 31. Englische Broschur. 128 Seiten.

Wenn Sie mehr über unsere Bücher wissen wollen,
schreiben Sie uns eine Postkarte.
Wir schicken ihnen dann unseren jährlichen Almanach ZWIEBEL:
Verlag Klaus Wagenbach, Ahornstraße 4, 1000 Berlin 30